建筑装饰装修宜与忌丛书

装饰装修瓦工宜与忌

李永盛　主编

金盾出版社

内 容 提 要

本书针对装饰装修工程中瓦工在材料的选择和机具的使用、装饰抹灰、砌筑及清水砌体勾缝、楼地面装饰工程、饰面砖和饰面板面层铺设等一系列工作中容易出现的问题，采用“宜”和“忌”的形式逐一列出，并对照现行国家标准和最新规范、规程进行分析，指出了施工问题产生的原因，提出了避免出现施工问题的措施。

图书在版编目(CIP)数据

装饰装修瓦工宜与忌/李永盛主编. —北京：金盾出版社，2010.1

(建筑装饰装修宜与忌丛书)

ISBN 978-7-5082-6113-3

Ⅰ.①装… Ⅱ.①李… Ⅲ.①建筑装饰—工程装修—瓦工—基本知识 Ⅳ.①TU754.2

中国版本图书馆 CIP 数据核字(2009)第 216393 号

金盾出版社出版、总发行

北京太平路 5 号(地铁万寿路站往南)

邮政编码：100036 电话：68214039 83219215

传真：68276683 网址：www.jdcbs.cn

封面印刷：北京精美彩色印刷有限公司

正文印刷：北京军迪印刷有限责任公司

装订：大亚装订厂

各地新华书店经销

开本：850×1168 1/32 印张：6 字数：150 千字

2010 年 1 月第 1 版第 1 次印刷

印数：1～11 000 册 定价：12.00 元

序　　言

建筑装饰装修行业是活跃在建筑领域中的一支规模庞大的生力军，拥有数十万一线工人，他们在建筑主体项目上发挥着承上启下的关键作用，因此对上岗人员有着严格的技术要求。装饰装修工程是由多个工种相互配合、协同施工、共同完成的，通常有瓦工、电工、水暖工、木工、油漆工等工种。装饰装修技术的发展和工程质量的提高，与从事装饰装修的人员素质有着很大关系。为提高施工操作人员的技能，杜绝装饰装修施工的质量问题，我们组织了行业内有着丰富经验的专家、教师，根据《建筑装饰装修工程质量验收规范》(GB 50210—2001)和相关国家标准、规范和规程，编写了上述5个工种的"宜与忌"丛书。本套丛书主要有以下特点：

1. 条理性强。理论叙述简洁，知识阐述条理清楚，语言通俗易懂，适合装饰装修人员学习阅读。

2. 针对性强。将施工中经常遇到的问题逐一列出，采用"宜"与"忌"的方法，告诉读者哪些问题怎样做是正确的，怎样做是错误的，针对性很强。既阐述了相关概念，又融合了规范、规程的有关规定，并蕴含了作者丰富的工程实践经验。

3. 体例新颖。"宜与忌"的写法使内容本身更为突出、醒目，一目了然，读后更易理解和掌握。

本书可供建筑装饰装修工程施工人员、技术人员及管理人员阅读，也可供各大专院校装饰装修专业师生教学参考。

丛书编委会

前　言

瓦工是建筑装饰装修行业的重要工种之一。改革开放以来，由于旅游建筑、商业建筑以及办公、金融和涉及千家万户的居住建筑的兴建，促使我国建筑装饰、装修行业有了飞速的发展。它不仅为人们提供一个舒适愉快的生活空间，而且正朝着环保、节能、智能方向迈进。

本书结合装饰装修施工现场，详细地介绍了装饰装修工程中瓦工在材料的选择和机具的使用、装饰抹灰、砌筑及清水砌体勾缝、楼地面装饰工程、饰面砖和饰面板面层铺设等一系列工作中容易出现的问题，采用“宜”与“忌”的体例，告诉读者这些问题产生的原因，以及应该怎样做才是正确的，从而为瓦工掌握基本技能和操作要领提供依据。

本书由大连市室内装饰协会会长李永盛主编，参加编写的有马文颖、郭凯、于涛、赵慧、战薇、刘艳君、孙丽娜、赵晓丹、邵晶、罗铖、刘颖、马林。同时，在编写过程中，得到了专家和技术人员的大力支持和帮助，在此一并致谢。

本书编写过程中，由于时间仓促以及编者水平有限，书中可能存在疏漏和不妥之处，衷心希望读者批评指正。

作　者

目　录

1 装饰装修瓦工基本要求

宜

(1)抹灰常用的普通硅酸盐水泥、矿渣硅酸盐水泥以及白水泥、彩色硅酸盐水泥强度宜大于32.5级。

(2)块状生石灰熟化时宜采用小于或等于3mm筛孔的筛子过滤,并贮存在沉淀池中。

(3)建筑装饰装修宜用乙级建筑石膏,细度通过0.15mm筛孔,且筛余量不大于10%。

(4)各种砂浆抹灰层在凝结后,为防止受到沾污和损坏,宜采取相应的保护措施。

(5)切割大块板材时,须把板材固定在石材切割机上,宜用切割机头平移切割。

(6)使用石材切割机前要检查机器各部件是否完好,尤其是电气是否绝缘,因为切割前用水冷却锯片使得锯片周围是潮湿的,因此必须绝缘良好。

(7)使用石材切割机切割板材时,宜随时注意切割口情况和板材紧固情况。

(8)在使用手提电动石材切割机切割板材前要先接通水管,给水到刀口后才能按下开关,并匀速推进切割。

(9)手持电动工具均要在配电箱装置上设额定动作电流不大于30mA、额定动作时间不大于0.1s的漏电保护装置。电动机须定期检查、保养。

(10)遵守各种操作规程,掌握安全知识,保证人身安全。安全知识的内容包括用电安全知识，机械安全使用知识，高空作业安全知识，有毒、有害、腐蚀性材料安全使用常识等。

忌

忌1　工程设计时给出的施工图不完整

［分析］

目前有相当多的装饰装修工程存在着仅重视装饰“效果”，轻视装饰质量和安全的情况。有些工程只做方案设计，而没有进行深入的扩充设计和施工图设计；有些工程没有完整的施工图，仅用几张效果图就指导施工；还有的工程甚至不做设计。由于设计不完整，导致一些重要内容实际上由施工单位自行处理，特别在装饰装修材料的选择、细部构造的处理等方面存在着随意性，为结构安全、防火、卫生、环保等方面带来许多安全隐患。

［措施］

建筑装饰装修工程必须进行设计并且设计应当经过审查，其设计深度应能指导施工，以满足国家标准中有关结构安全、防火、卫生、环保等方面的要求和装饰效果的要求。

(1)禁止无设计施工或者边设计边施工。

(2)设计单位出具的设计文件的内容应当完整，深度应当符合国家规定的设计深度要求，并注明工程的合理使用年限。

(3)设计单位在设计文件中选用的建筑材料、建筑构件、配件和设备等应当注明型号、性能、规格等技术指标，其质量要求必须符合国家规定的相应标准。

(4)设计单位授权施工单位进行施工图细部节点设计时，应当有授权文件。

(5)设计单位要对设计文件的质量负责，由于设计原因造成的质量问题应由设计单位负责。

忌 2 承担施工的人员不具有相应岗位的资格证书

[分析]

安装、抹压、粘贴、干挂及涂刷等装饰装修工程的各种施工方法，大都靠手工操作去完成，因此，人的因素是首位。若用不具备相应岗位资质的人来指挥和施工操作，必然会造成工程质量不合格或者出现质量事故。

[措施]

(1)工程项目所有管理及操作人员应当经过业务知识和技能培训，并经考试合格后持证上岗。不具备岗位技能的人，不能在该岗位工作。由于无证指挥，无证操作而造成工程质量不合格或出现质量事故的，除了要追究直接责任者外，还要追究单位主管领导的责任。

(2)装饰装修工程施工操作人员应具有相应岗位的资格证书。国家已经制定了装饰装修工程主要工种的岗位考核标准，主要分为初级工、中级工、高级工、技师、高级技师 5 个等级，在这些岗位施工的人员应当通过考试或者考核，以获得相应岗位的资格证书。

忌 3 忽略装饰装修材料对室内的污染

[分析]

根据有关调查检测，室内的环境污染主要由室内装饰产生，主要集中于甲醛、VOC、苯、氡、石材放射等有害气体和放射性污染。

[措施]

室内装饰，不仅要满足使用者的生存和审美需求，还应满足使用者的安全、健康需求，即无污染、无公害。严格地说，任何装饰都会造成室内污染，绝对的“绿色室内环境”是不存在的，所以必须严格控制和防范超出国家标准范围的污染。

严格选择材料。目前市场上出现了大量的高分子装饰新材料。这些新型装饰材料中，有的会对室内空气带来严重污染，有的塑料壁纸散发的有害气味持续时间长，导致用户出现恶心等症状。有的用户对某些高分子材料的挥发物有过敏反应，导致皮肤不适且影响情绪和食欲。有的装饰材料虽然具有新颖性，如荧光材料等，但含有放射性元素，对人体也具有较大伤害作用。应用装饰涂料及相应的装饰施工中，对于溶剂型合成树脂系列装饰涂料，往往掺入稀释剂以调整黏度，这些稀释剂含有混合二甲苯、酮、酯、醇以及混合溶剂等有害物质，装饰涂料中稀释的硫化氢、亚硫酸不但会直接污染室内外空气而且易燃，不少装饰涂料还含有剧毒或其他危险成分，如某些环氧树脂腻子中的固化剂接触人体后易腐蚀皮肤，某些未经高温灭虫和去脂脱糖的禾秆类装饰材料，易出现虫害（白蚁、蟑螂和其他有害微生物）和鼠害。因而，在选购装饰材料时，要了解材料的特性及其可能导致的危害性，严格把关，将污染控制在合格范围。

忌4 抹灰层材料不符合设计要求及现行国家标准

[分析]

不同品种的材料，因性能不同，其用途也不相同，若错用了不符合设计要求和国家标准的材料，将严重影响抹灰层质量。

[措施]

(1)抹灰用水泥应使用不小于32.5级的普通硅酸盐水泥（简称普通水泥）、矿渣硅酸盐水泥（简称矿渣水泥）以及白水泥、彩色硅酸盐水泥（简称彩色水泥）。白水泥和彩色水泥主要用于制作各种颜色的水刷石、斩假石、水磨石以及花饰等。

水泥的品种、强度等级应当符合《通用硅酸盐水泥》(GB 175—2007)的要求。出厂3个月后的水泥，应经试验后方能使用，受潮后结块的水泥应过筛试验后使用。

普通硅酸盐水泥和矿渣硅酸盐水泥，不同龄期的强度应符合表1-1的规定。

表 1-1　普通硅酸盐水泥和矿渣硅酸盐水泥不同龄期的强度

单位：MPa

品　种	强度等级	抗压强度		抗折强度	
		3d	28d	3d	28d
普通硅酸盐水泥	42.5	≥17.0	≥42.5	≥3.5	≥6.5
	42.5R	≥22.0		≥4.0	
	52.5	≥23.0	≥52.5	≥4.0	≥7.0
	52.5R	≥27.0		≥5.0	
矿渣硅酸盐水泥	32.5	≥10.0	≥32.5	≥2.5	≥5.5
	32.5R	≥15.0		≥3.5	
	42.5	≥15.0	≥42.5	≥3.5	≥6.5
	42.5R	≥19.0		≥4.0	
	52.5	≥21.0	≥52.5	≥4.0	≥7.0
	52.5R	≥23.0		≥4.5	

硅酸盐水泥和普通硅酸盐水泥的细度以比表面积表示，其比表面积应不小于 $300m^2/kg$；矿渣硅酸盐水泥的细度以筛余表示，其 80μm 方孔筛筛余应不大于 10%或 45μm 方孔筛筛余应不大于 30%。

(2)石灰膏和磨细生石灰粉。

①块状生石灰应经熟化成石灰膏后再使用。熟化时宜用不大于 3mm 筛孔的筛子过滤，并贮存在沉淀池中。石灰膏应细腻洁白，不得含有未熟化颗粒。已经冻结风化的石灰膏不得再使用。

②磨细生石灰粉为将块状生石灰碾碎磨细后的成品。用磨细生石灰粉代替石灰膏浆，可以节约石灰 20%～30%，并具有适于冬期施工的优点。因为磨细生石灰粉颗粒很细，所以用它粉饰不容易出现膨胀、鼓皮等现象。罩面用的磨细生石灰粉的熟化期应不少于 3d。

每立方米石灰膏用灰量如表1-2所示。

表1-2　每立方米石灰膏用灰量表

块：末	10：0	9：1	8：2	7：3	6：4	5：5	4：6	3：7	2：8	1：9	0：10
用灰量(kg)	554.6	572.4	589.9	608.0	625.8	643.6	661.4	679.2	697.1	714.9	732.7
系数	0.88	0.91	0.94	0.97	1.00	1.02	1.05	1.08	1.11	1.14	1.17

(3)建筑用石膏宜用磨成细粉无杂质的乙级建筑石膏，其细度通过0.15mm筛孔，且筛余量不大于10%。抹灰用石膏，一般用于高级抹灰或抹灰龟裂的补平。

施工中若需要石膏加速凝结，可加入食盐或掺入少量未经煅烧的石膏；若需缓凝，可掺入石灰浆，必要时也可掺入为水重量0.1%～0.2%的明胶或骨胶。

(4)粉煤灰。粉煤灰常用作抹灰掺合料，它可以节约水泥并提高和易性。要求粉煤灰烧失量不大于8%，吸水量比不大于105%，过0.15mm筛，筛余不大于8%。

(5)粉刷石膏。按用途粉刷石膏可分为面层粉刷石膏(F)、底层粉刷石膏(B)和保温层粉刷石膏(T)3类。

面层粉刷石膏是用于底层粉刷石膏或其他基底上的最后一层石膏抹灰材料。通常不含骨料且具有较高的强度。底层粉刷石膏是用于基底找平的石膏抹灰材料，通常含有骨料。保温层粉刷石膏是一种含有轻骨料，其硬化体体积密度不大于500kg/m^{3}的石膏抹灰材料，具有较好的热绝缘性。

①细度：粉刷石膏的细度以1.0mm和0.2mm筛的筛余百分数计，其值应符合表1-3规定的数值。

表1-3　细度　　(%)

产品类别	面层粉刷石膏	底层和保温层粉刷石膏
1.0mm方孔筛筛余	0	—
0.2mm方孔筛筛余	≤40	

②粉刷石膏的初凝时间应不小于60min，终凝时间应不大于

8h。

③粉刷石膏的可操作时间应不小于30min。

④粉刷石膏的保水率应不小于表1-4规定的数值。

表1-4 保水率 单位:%

产品类别	面层粉刷石膏	底层粉刷石膏	保温层粉刷石膏
保水率	90	75	60

⑤粉刷石膏的强度应不小于表1-5规定的数值。

表1-5 强度 单位:MPa

产品类别	面层粉刷石膏	底层粉刷石膏	保温层粉刷石膏
抗折强度	3.0	2.0	—
抗压强度	6.0	4.0	0.6
剪切粘结强度	0.4	0.3	—

⑥保温层粉刷石膏的体积密度应不大于500kg/m^3。

(6)砂、石粒、彩色瓷粒。

①砂子多为人工制造,或人工从某些石块上打磨下来的,颗粒相对大一些,饱满感更强一些,拿在手中能清晰地感觉到有颗粒的存在。抹灰用砂主要有中砂、粗砂,偶尔也可用细砂。

②彩色石粒是由天然大理石破碎而成,具有多种色泽。彩色石粒多用作水磨石、水刷石及斩假石的骨料,其品种规格如表1-6所示。

表1-6 彩色石粒的规格、品种及质量要求

规格与粒径的关系		常用品种	质量要求
规格俗称	粒径(mm)		
大二分 一分半 大八厘 中八厘 小八厘 米粒石	约20 约15 约8 约6 约4 0.3~1.2	东北红、东北绿、丹东绿、盖平红、粉黄绿、玉泉灰、旺青、晚霞、白云石、云彩绿、红王花、奶油白、竹根霞、苏州黑、黄花王、南京红、雪浪、松香石、墨玉等	颗粒坚韧、有棱角、洁净,不得含有风化的石粒、黏土、碱质及其他有机物等有害杂质,使用时应冲洗干净

③彩色瓷粒。用石英、长石和瓷土为主要原料烧制而成，粒径为1.2～3mm，颜色多样。通常以彩色瓷粒代替彩色石粒用于室外装饰抹灰，彩色瓷粒具有稳定性好、大气、颗粒小、表面瓷粒均匀、露出粘结砂浆较少、整个饰面厚度减薄、自重轻等优点。但是烧制彩色瓷粒的价格比天然石粒要昂贵。

(7)麻刀、纸筋、稻草、玻璃纤维。在抹灰层中，麻刀、纸筋、稻草、玻璃纤维起到了拉结和骨架的作用，提高了抹灰层的抗拉强度，增加了抹灰层的弹性和耐久性，使抹灰层不容易裂缝和脱落。

①麻刀。麻刀以均匀、坚韧、干燥且不含杂质为宜，使用时将麻丝剪成2～3cm长，随用随敲打松散，每100kg石灰膏约掺1kg，便成麻刀灰。

②纸筋(草纸)。在淋石灰时，先将纸筋撕碎，除去尘土，用清水浸透，然后按每100kg石灰膏掺纸筋2.75kg的比例掺入淋灰池。使用时需用小钢磨搅拌打细，并用3mm孔径筛过滤成纸筋灰。

③稻草。切成不长于3cm的小段，并经石灰水浸泡15d后使用较好，也可先用石灰浸泡软化后轧磨成纤维质当纸筋使用。

④玻璃纤维。将玻璃丝切成1cm长左右，每100kg石灰膏掺入200～300g玻璃纤维，搅拌均匀便呈玻璃丝灰。玻璃丝耐热、耐腐蚀，抹出墙面洁白光滑，而且价格便宜，但是操作时为防止玻璃丝刺激皮肤，应采取适当的防护措施。

(8)膨胀珍珠岩、膨胀蛭石。

①膨胀珍珠岩是一种酸性岩浆喷出的玻璃质熔岩，因为其具有珍珠裂隙结构而得名，适用于在－200℃～800℃范围内做保温热隔等材料，具有堆积密度小、导热系数低、承压能力较强等优点。

②膨胀蛭石是由蛭石经过晾干、破碎、筛选、煅烧、膨胀而成的，其堆积密度为80～200kg/m^3，导热系数为0.047～0.07W/(m·K)，耐火防腐。蛭石砂浆用于浴室、厨房、地下室及湿度较大的车间

的内墙面和顶棚抹灰。能防止阴冷潮湿、凝结水等不良现象，是一种很好的无机保温隔热、吸声材料。

(9)颜料及外掺合剂。

①掺入装饰砂浆中的颜料，应使用耐碱和耐晒(光)的矿物颜料。

②聚醋酸乙烯乳液是一种白色水溶性胶粘剂，性能和耐久性都好，可用于较高级的装饰工程。

③二元乳液是一种白色水溶液的胶粘剂，性能和耐久性比较好，可用于高级装饰工程。

④木质素磺酸钙是减水剂，掺入聚合物水泥砂浆中，可减少用水量10%左右，并提高粘结强度、抗压强度和耐污染性能。木质素磺酸钙的掺量为水泥量的0.3%左右。

⑤邦家108胶是一种新型胶粘剂，属于不含甲醛的乳液，其作用：提高面层的强度，不致粉酥掉面；增加涂层的柔韧性，并减少开裂的倾向；加强涂层与基层之间的粘结性能，不容易爆皮剥落。

忌5　进场后需要进行复验的材料种类及项目不符合规定

[分析]

进入施工现场的装饰装修材料，若无合格证或未经复验，就无法控制装饰装修材料质量，如果劣质装修材料进入施工现场，装修工程的质量就无法得到保证；使用了不合格的装修材料，不但会影响装饰装修工程质量，而且会留下火灾、污染等隐患。

[措施]

装饰装修工程瓦工用材料进场后应对品种、规格、外观和尺寸进行检查验收。材料包装应当完好，应有产品合格证书、中文说明书及相关性能的检测报告；进口产品应按规定进行商品检验。需要进行复验的材料种类及项目如表1-7所示，并应当符合《建筑装饰装修工程质量验收规范》(GB 50210—2001)的要求。同一生产厂家生产的同一品种、同一类型的进场材料应至少抽取一组样品进行复验。当合同另有约定时，应按合同执行。

表 1-7　建筑装饰装修工程材料复验种类及项目

项次	工程名称	材料（构件）名称	试验项目	执行标准
1	抹灰工程	水泥	凝结时间安定性	GB 175—2007 GB 12573—2008
2	饰墙板（砖）工程	水泥（粘贴用）	凝结时间、安定性和抗压强度	GB 175—2007 GB 12573—2008
		花岗石（室内）	放射性	GB 6566—2001
		陶瓷面砖（寒冷地区外墙）	抗冻性	GB/T 3810. 12—2006
		陶瓷面砖（外墙）	吸水性	GB/T 3810. 3—2006
3	幕墙工程	石材	弯曲强度	GB 9966. 2—2001
		石材（寒冷外墙）	耐冻融性	GB 9966. 1—2001
		花岗石（室内）	放射性	GB 6566—2001
		石材幕墙用密封胶	污染性	GB/T 12954. 1—2008

忌 6　施工中擅自改动建筑主体承重结构或主要使用功能

[分析]

建筑主体是指建筑实体的结构构造，包括屋盖、楼盖、梁、柱、支撑、墙体、连接接点和基础等。

承重结构是指直接将本身自重与各种外加作用力系统地传递给基础地基的主要结构构件和其连接接点，包括梁、屋架、悬索、承重墙体、主杆、柱、框架柱、支墩、楼板等。目前我国工业民用建筑主要有下述几种结构类型：

①砖混结构。砖混结构是由砖或承重砌块砌筑的承重墙，现浇或者预制的钢筋混凝土楼板组成的建筑结构，如图 1-1 所示。砖混结构多用来建造低层或多层的居住建筑。

②轻钢结构。梁、柱、屋架等结构构件由高度简化的钢构件组成，如屋架是一块梯形钢板，柱是工字形钢板，墙体是轻质保温材料，外面用薄钢板覆盖。

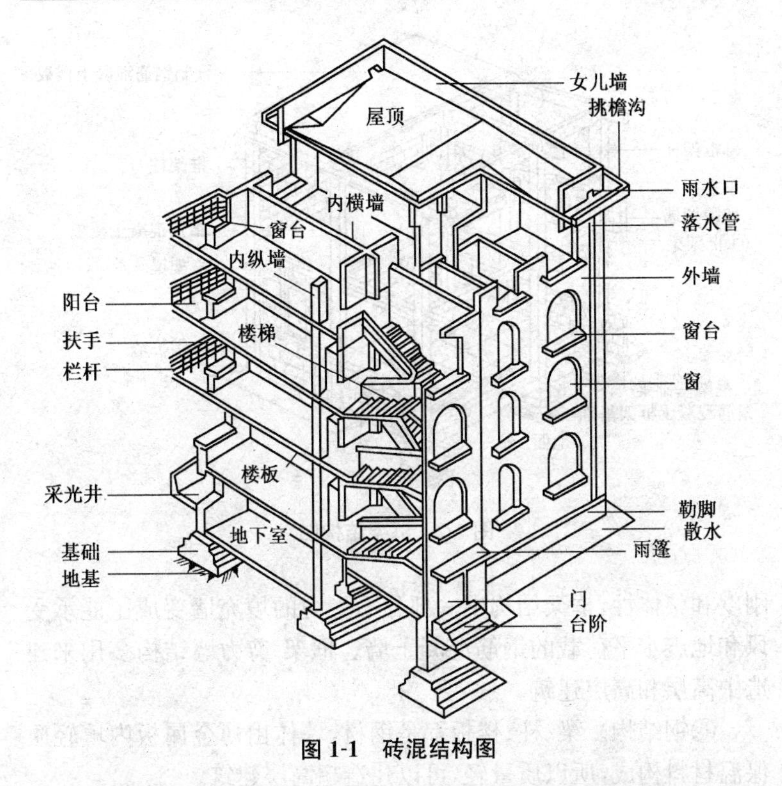

图 1-1 砖混结构图

③框架结构。框架结构是由梁和柱以刚接或铰接相连接而构成承重体系的结构。框架结构中楼板一般为现浇钢筋混凝土，墙为填充墙，如图 1-2 所示。框架结构多用来建造中高层和高层建筑。

④剪力墙结构。剪力墙结构是由剪力墙组成的承受竖向和水平作用力的结构，也叫做抗震墙结构。剪力墙结构承受的竖向和水平荷载的墙体和楼板都是全现浇钢筋混凝土，多用于建造中高层和高层建筑。

⑤框架-剪力墙结构。框架-剪力墙结构是由剪力墙和框架共同承受的竖向和水平作用的结构，也叫做框架-抗震墙结构。

框架-剪力墙结构和框架结构的区别是前者增加了建筑物的

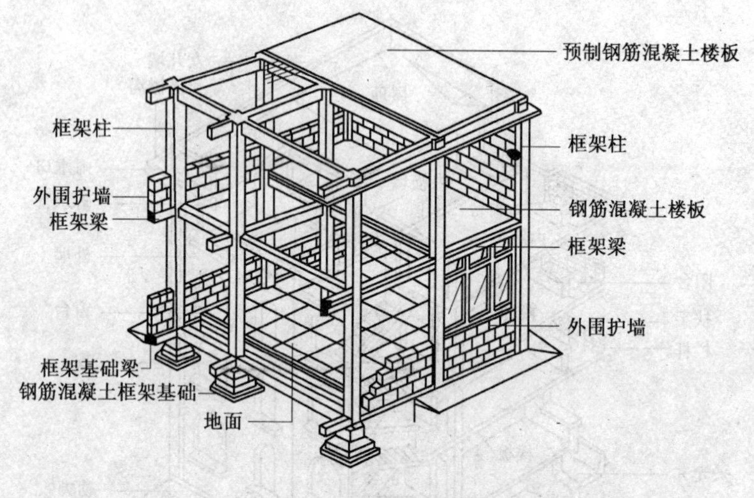

图 1-2　框架结构图

刚度和整体性，框架结构中一部分不受力的填充墙变成了能承受风和地震水平荷载的钢筋混凝土墙。框架-剪力墙结构多用来建造中高层和高层建筑。

⑥钢结构。梁、柱、楼板都是钢材，墙体由薄金属板内填轻质保温材料构成，所以质量轻，可以建造超高层建筑。

⑦排架结构。排架结构是指由柱与屋架组成的平面骨架，其间用连系梁等拉结，如图 1-3 所示。多用来建造单层工业厂房。

[措施]

装饰装修工程施工中，严禁进行以下操作：

(1)拆除承重墙、梁、柱，拆除连接阳台的砖和混凝土墙体。

(2)在承重墙或者楼板上打洞或者将原有的洞扩大。

(3)切断梁、柱、承重墙、楼板上的钢筋。

(4)增加承重构件的荷载，如增加地面找平层或者面层的重量；将原轻质隔墙改成砖隔墙等。另外，施工时将水泥、砂子等重物放在地板中间，未沿墙根处放置，且放置数量过多。

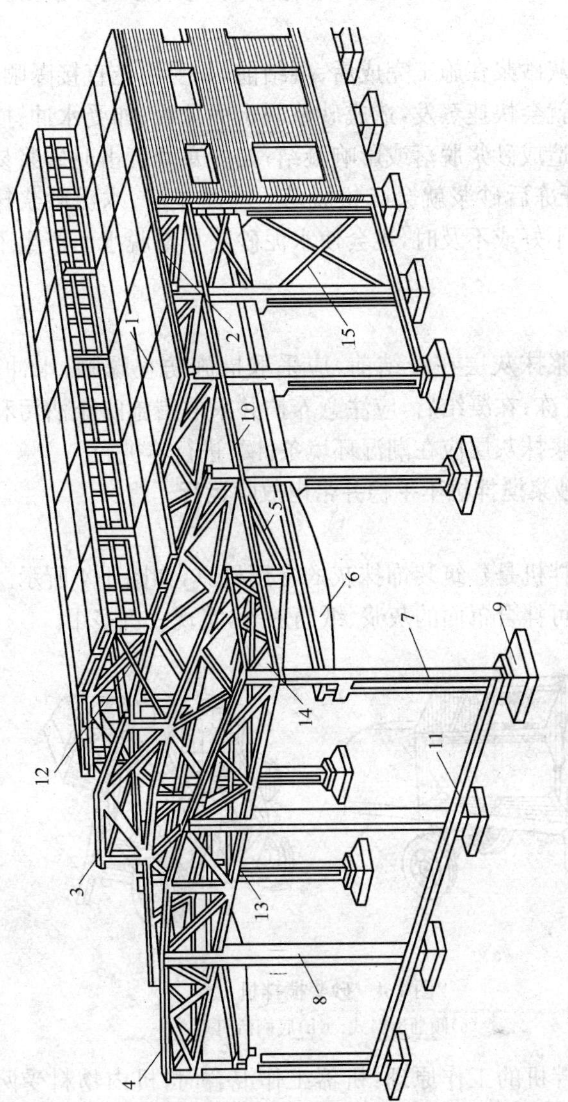

图 1-3 排架结构图

1. 屋面板 2. 天沟板 3. 天窗架 4. 屋架 5. 托架 6. 吊车梁 7. 排架柱 8. 抗风柱 9. 基础 10. 连系梁 11. 基础梁 12. 天窗架垂直支撑 13. 屋架下弦横向水平支撑 14. 屋架端部垂直支撑 15. 柱间支撑

忌 7　各种抹灰砂浆在施工完成后未采取保护与养护措施

[分析]

各种抹灰砂浆在施工完成后、凝结前，如受阳光直接曝晒，砂浆中的水分就会快速蒸发，造成砂浆脱水而疏松；如受水冲、撞击和振动就会造成砂浆脱落或影响凝结；如受寒潮袭击时砂浆易遭受冻结，待开冻后砂浆就会疏松脱落。在凝结后，水泥砂浆抹灰层洒水养护不好或不及时，也会使水泥砂浆早期脱水而产生干缩裂缝。

[措施]

各种砂浆抹灰层在凝结前，应采取措施防止曝晒、水冲、撞击、振动和受冻；在凝结后，应注意养护并采取措施防止沾污和损坏。水泥砂浆抹灰层应在潮湿环境条件下进行养护。

忌 8　砂浆搅拌机不平稳并带电故障运行

[分析]

砂浆搅拌机是建筑装饰抹灰的常用机具，如图 1-4 所示。砂浆搅拌机还可拌合罩面的灰浆、纸筋灰等，实现一机多用。

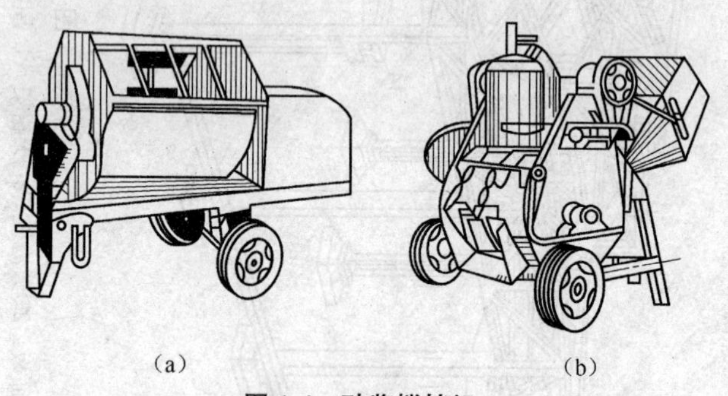

(a)　　(b)

图 1-4　砂浆搅拌机

(a)倾翻出料式　(b)底侧活门式

砂浆搅拌机的工作原理：机器工作混合时，机内物料受两个相反方向的转子作用，进行着复合运动，桨叶带动物料一方面沿着机槽内壁做逆时针旋转，另一方面带动物料左右翻动，在两转子交叉重叠处形成失重区，在此区域内，不论物料的形状、大小和密度如何，都能使物料上浮处于瞬间失重状态，这使物料在机槽内形成全方位连续循环翻动，相互交错剪切，从而达到快速糅合混合均匀的效果。

砂浆搅拌机进入工地后，必须有可靠的基础，并平稳放置，防止其作业时晃动而造成倾倒。严禁带电作业，防止危及现场人员的安全。

[措施]

(1)安装搅拌机的地方应平整夯实。固定式搅拌机应有可靠的基础，移动式搅拌机应用方木或其他支撑架起、固定、保持水平。为了便于出料，机座应离开地面一定距离。

(2)作业前，须检查传动机构、工作装置和防护及操作装置，以保证各部件的完好，便于灵活操作。起动后，先空车运转，检查搅拌叶旋转方向与机壳标注方向是否一致，确保一致时方可加水加料，进行拌合作业。

(3)所有砂子必须过筛，以防止石块、木棒等杂物进入拌筒。

(4)运转中不得将手或木棒等伸进搅拌筒内，或在筒口清理灰浆。

(5)固定式搅拌机的上料斗能在轨道上平稳移动，并可停在任何位置。料斗提升时，严禁料斗下方站人。

(6)作业中如发生故障不能继续运转，应立即切断电源，将筒内灰浆倒出，进行检修或排除故障。

(7)作业后要清除机具内外的砂浆和积料，并用水冲洗干净。

忌 9 未掌握灰浆泵的使用要点

[分析]

灰浆泵用于装饰喷涂抹灰中的灰浆输送，图 1-5 所示为挤压式灰浆泵。灰浆泵与输送管道、喷枪和操作机械手等组成的灰浆喷涂系统，常用于大面积喷涂抹灰。装饰装修瓦工在使用灰浆泵前必须掌握其使用要点，才能保证正确、安全的操作。

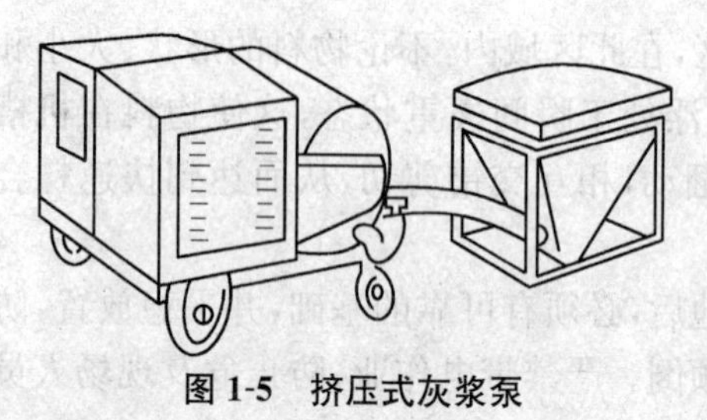
图 1-5　挤压式灰浆泵

[措施]

(1)灰浆泵操作人员应经过培训，严格按说明书进行操作。

(2)灰浆泵安装必须平稳牢固。输送管道应尽可能短，弯头尽可能少，接头要连接紧密、不渗漏。

(3)泵送灰浆前，应检查球阀是否完好，泵内有无干硬灰浆等杂物，各部零件是否紧固牢靠，安全阀是否调整到预定的安全压力。应先用水进行泵送试验，以检查各部位有无渗漏；如有渗漏，应先排除。

(4)泵送时一定要先开机再加料，先用石膏润滑输送管道，再加入 12cm 稠度的灰浆，最后加入 8～12cm 的灰浆。

(5)泵送过程要随时观察压力表指示的泵送压力是否正常，如泵送压力超过预调 1.5MPa，要反向泵送，使管道的部分灰浆返回料斗，再缓慢泵送。如无效，要停机卸压检查，切不可强行泵送。

(6)泵送过程不宜停机。如必须停机，则每隔 4～5min 要泵送一次，泵送时间为 0.5min 左右，以防灰浆凝固。

(7)每天泵送结束后要用石灰膏把输送管道里的灰浆全部泵送出来，然后用清水将泵和输送管道清洗干净。

忌 10　使用冲击电钻时施加压力过大

[分析]

冲击电钻主要用于建筑工程中各种设备的安装。在装饰装修工程中可用于在砖石、混凝土结构上钻孔、开槽、表面打毛，还可以用于钉钉子、铆接、捣固、去毛刺等加工作业。另外，还可用于铝合金门窗的安装、铝合金吊顶、石材安装等工程。

冲击电钻的孔径有 16mm、18mm、22mm、24mm、30mm 等之

分,其外形如图 1-6 所示。

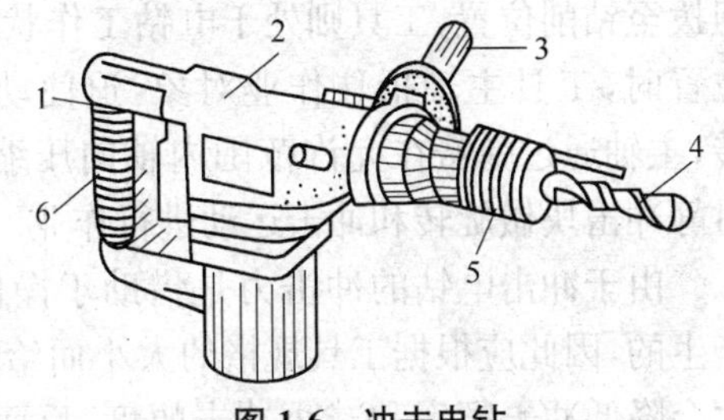

图 1-6 冲击电钻

1. 开关 2. 机身 3. 辅助手柄 4. 钻头 5. 无匙夹头 6. 手柄

冲击电钻主要由以下几部分组成:

①电动机。冲击电钻的电动机是采用双重绝缘结构的单相串激电动机,其机壳、手柄均采用热塑性工程塑料增强尼龙或聚碳酸酯注塑而成,其机械强度和电气性能均能满足规定和使用的要求。

②变速装置。根据不同规格对转速和冲击次数的要求,变速装置可以是一级变速,也可以是二级变速。国产电动工具大多是二级变速。国外的 13mm 冲击电钻是一级变速。变速齿轮多为变位齿轮,由优质合金钢制成,并经高频热处理。变速箱的箱体一般由铝合金压铸而成。

③冲击机构。冲击机构是由一对犬牙状的动冲击块和静冲击块组成,静冲击块固定在变速箱体的前部,动冲击块装在主轴中间部位,通过调节钮进行啮合和分离。

④冲、钻转换装置。冲、钻的转换是通过调节钮或调节环进行切换的。

⑤钻夹头。钻夹头多用于夹持钻头。

⑥开关和电缆线开关。一般均带有自锁装置,有些开关还带有调速机构和正反转装置。电源线为带不可重接插头的电缆线。

⑦辅助手柄。冲击电钻的辅助手柄是由聚碳酸酯注塑而成。手柄套在工具的前端,能任意角度转动以适应各种姿势,使操作者在作业时更加灵活、方便、有力。

当工具通过 220V 50Hz 交流电时,按下开关,电动机起动运转,电枢转轴带动变速齿轮旋转,主轴输出机械功率。若将调节钮拨至钻削位置，工具则处于电钻工作状态。当调节钮拨至冲击位置时，工具主轴抵住作业对象，迫使动静冲击块啮合，工具旋转，主轴通过弹簧在允许范围内轴向压缩和释放，使动冲击块相对静冲击块做旋转和冲击运动进行作业。

由于冲击电钻的冲击力是借助于操作者的轴向进给压力而产生的，因此应根据工具规格的大小而给予适当的压力。压力过大会降低冲击频率和减小冲击幅度，反而会降低作业效率，并且会引起电动机过载，造成工具损坏。反之，压力过小则未充分利用电动机的功率而影响作业效率。

[措施]

(1)对 10mm、12mm 规格的冲击电钻，一般的轴向进给压力以 150～200N 为宜；而对于 16mm，20mm 规格的冲击电钻，一般的轴向进给压力则在 250～300N 为宜，在这种情况下成孔效果最佳。

(2)当在建筑制品上冲钻成孔时，必须用镶有硬质合金的冲击钻头。为保持钻头的锋利，在使用一段时间后必须对钻头进行修磨。一般 10mm 以下的钻头可以连续成孔 25 个，而 10～20mm 的钻头连续钻孔数个后要进行修磨。钻头的尾部形状有两种：一种是直柄，其直径不大于 13mm；另一种钻头尾部呈三棱形，这样夹紧更为可靠。不管是何种形式，在钻头插入钻夹头后均应拧紧，有钥匙的夹头应用钻夹头钥匙轮流插入三个钥匙定位孔中用力锁紧，以保证在钻削成孔时不抖动、确保安全作业。

(3)在接通电源前，不要将开关置于接通并自锁位置，应接通电源后再打开开关。需要长时间作业时，应撤除开关自锁按钮。操作时应将钻头垂直于工作面，并避开钢筋和硬石块。操作过程中应不时将钻头从钻孔中抽出以清除灰尘。在光滑表面如瓷砖上钻孔时，要先在钻孔处贴上自粘纸，以防钻头打滑。

(4)为能使冲击电钻正常使用，应经常进行维护保养。当发现换向器上出现较多黑痕，且火花增大时，应用 0 号金相砂纸砂光，并检查电刷，若电刷有效长度小于 5mm 时，应及时更换。新换的电刷应不低于原制造厂要求的性能，并应注意将两只电刷同时更换。

(5)不应在雨中、潮湿场所和其他危险场所使用工具。向上作业时应戴上防护眼镜。应尽可能使用双重绝缘工具并注意以下两点：

①电源必须有可靠的接地装置。

②操作者在使用时应戴绝缘手套。

忌 11 使用电动吊篮时超载且未扣紧安全锁

[分析]

电动吊篮是用于建筑物外装饰作业的载人起重设备。按其提升方式不同可分为屋面卷扬式和爬升式两种。屋面卷扬式吊篮是在屋面安装卷扬机，下垂钢丝绳拉住吊篮，开动卷扬机实现吊篮上升或下降。爬升式吊篮的卷扬机则置于吊篮上，屋面安装支架，下悬的钢丝绳即是吊篮的爬升轨道，这种吊篮有可靠的安全装置，升降由吊篮里的施工人员控制，使用方便。爬升式电动吊篮如图 1-7 所示。

由于电动吊篮工作在半空中，因此必须注意其安全，使用前要进行严格的质量检验，使用时要按照规定操作，不可超载。

[措施]

(1)使用的电动吊篮必须是合格产品，各部件均要安全、可靠。机器在使用期内出现故障时，必须由专业人员维修或送生产厂家检查修理。

(2)操作人员要熟悉吊篮的使用，使用时应正确操作，工作时严禁超载，施工人员要系好安全带。遇雷雨天或风力超过五级时不得登吊篮作业。

(3)必须使用镀锌钢丝绳，绳上不得有油。如有隐伤、松散、断丝等现象应及时更换。

(4)屋面机构、提升机、安全锁及电气控制等，须经安全检查

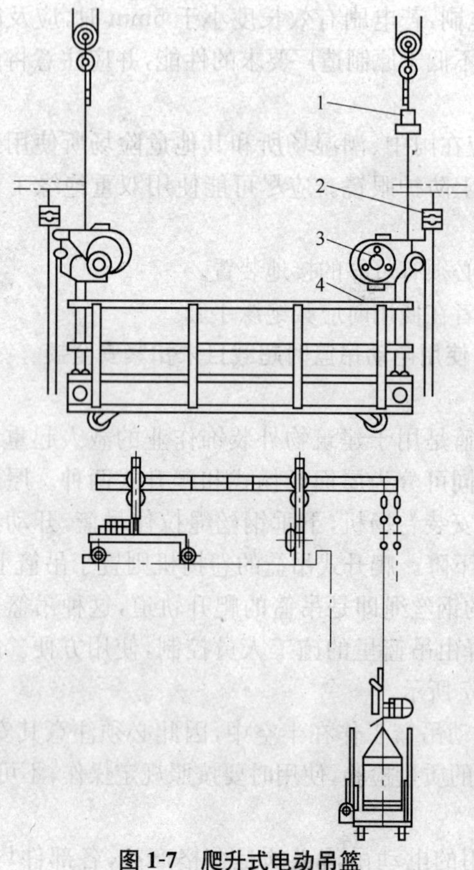

图 1-7 爬升式电动吊篮

1. 限位器 2. 安全锁 3. 提升机 4. 吊篮

人员检查认可后方可使用。

(5)吊篮在空中作业时应将安全锁锁紧，待需要移动时再松开安全锁。安全锁累计工作 1000h 后须进行检验并重新标定，以保证其安全工作。

(6)每天作业结束后，应将吊篮降至离地面 1m 高度处，并扫清篮内杂物，然后固定于离地面约 3m 处的建筑物上，将落地的电缆和钢丝绳收到吊篮里，撤去梯子，切断电源。

(7)根据机械使用规定,应定期对机械进行检修保养,使其保持良好的性能。

忌 12　液压升降平台的升降架抖动且歪斜

[分析]

液压升降平台是一种多功能起重装卸机械设备,是高空装饰作业的理想机具,如图 1-8 所示。

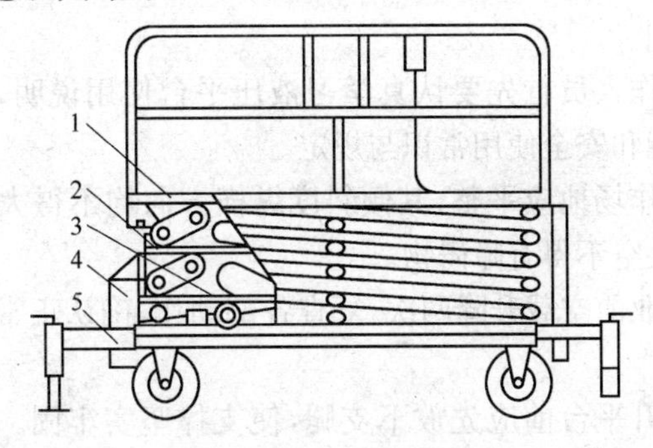

图 1-8　液压平台外形结构

1. 上平台总成　2. 起升叉架总成　3. 液压系统　4. 电气系统　5. 底盘

液压升降平台工作时,液压油由叶片泵形成一定的压力,经滤油器、隔爆型电磁换向阀、节流阀、液控单向阀、平衡阀进入液缸下端,使液缸的活塞向上运动,提升重物,液缸上端回油经隔爆型电磁换向阀回到油箱,其额定压力通过溢流阀进行调整,通过压力表观察压力表读数值。液缸的活塞向下运动(即重物下降)时,液压油经防爆型电磁换向阀进入液缸上端,液缸下端回油经平衡阀、液控单向阀、节流阀、隔爆型电磁换向阀回到油箱。为使重物下降平稳,制动安全可靠,在回油路上设置平衡阀,保持压力,使下降速度不受重物变化而变化,并由节流阀调节流量,控制升降速度。为使制动安全可靠,防止意外,增加了液控单向阀,即液压锁,保证在液压管线意外爆裂时液压升降平台能安全自锁。并安装了超载声控报警器,用以区别超载或设备故障。电器控制系统通过防爆按钮 SB1～SB6 来控制电动机的转动、隔爆型电磁换向阀的换向，以保持载荷提升或下降，且通过“LOGO”程序调整时间延迟量，避免电动机频繁起动而影响使用寿命。

液压升降平台的放置位置如存在较大坡度，或使用前不做好检查工作，工作时升降架将会倾斜且发生无规律抖动，造成物料散落伤人或其他故障。

[措施]

(1)操作人员首先要认真学习液压平台使用说明，熟悉平台的技术性能和安全使用常识与规定。

(2)工作场地应平整，其倾斜度纵横方向均不得大于 2°。作业地面及上空不得有障碍物。

(3)作业前空载升降两次，复查各部动作，确认正常后方可作业。

(4)起升平台前应先放下支腿，使支撑坚实牢固。调整底盘处于水平位置，不得倾斜。

(5)在作业中出现液压系统异响、升降架抖动或歪斜等情况时，应立即停机检修。

(6)严禁超载使用。在平台上作业时，水平方向操作力不得大于额定载荷的 30%。

(7)作业结束后应将平台降到起始位置，收起支腿，切断电源。

(8)转移作业点时，应放下防护栏杆，并注意不得碰撞操作按钮。

忌 13　不了解门式脚手架的搭设方法

[分析]

门式脚手架是用钢管焊接而成的钢架，是通过剪刀撑、钢脚手板组合成的基本架体，如图 1-9 所示。标准钢架基本单元相互连接，逐层叠起，形成较高的架式施工工具。底座带有脚轮时，移动较为方便。由于门式脚手架有着结构牢固，拆装方便，工作面积大的特点，因此非常适于装饰作业。

门式脚手架搭设高度一般限制在45m以内，采取措施后可达80m高度。每层架高在40～50m时，可2层同时作业；当架高在19～38m时，可3层同时作业；而架高在17m以下时，可4层同时作业。

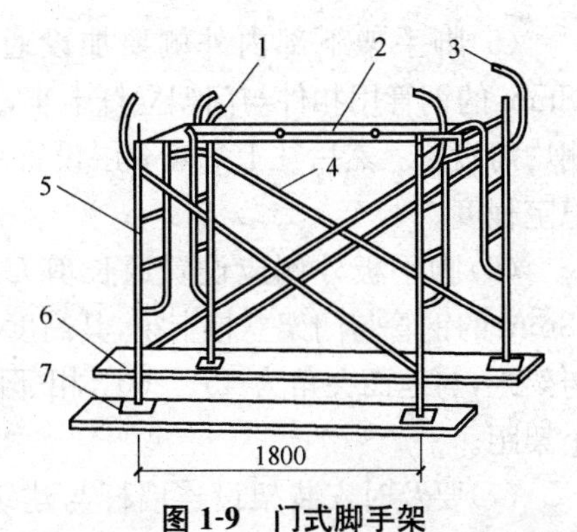

图1-9 门式脚手架

1. 连接器 2. 平架 3. 臂扣 4. 剪刀撑 5. 门架 6. 木板 7. 螺旋基脚

施工荷载限定为均布荷载1 880N/m²，且在架子上不能行走运料手推车。

[措施]

(1)搭设场地要分层夯实平整，当脚手架总高大于40m时，搭设场地表面宜做3层2∶8灰土并夯实或做200mm钢筋混凝土带(沿纵向)，其上应再加设垫板(厚度大于50mm)。

(2)搭设顺序如下：

①铺放垫木→拉线放底座→自一端开始立门架。

②装剪刀撑→装水平梁架(或脚手板)→装梯子→装通长的大横杆(一般用直径48mm脚手架钢管)→安装架设连墙杆。

③照上述步骤逐层向上安装→安装加强整体刚度的长剪刀撑→装设顶部栏杆。

梁架按其所处部位相应装上。

(3)搭设时应严格控制首层门架的垂直度，应使门架竖杆在两个方向的垂直偏差控制在2mm以内，顶部水平偏差控制在5mm以内。

(4)安装门架时上下架竖杆之间要对齐，对中偏差应不大于3mm，并相应调整门架的垂直度和水平度。

(5)脚手架下部内外侧要加设通长的大横杆,即用直径为48mm的钢管用扣件与门架立杆卡牢,应不少于3个步距,且内外侧均需设置。然后往上每隔3层设置一道,以加强整个脚手架的稳定程度。

(6)脚手板外侧应设置通长剪刀撑,即用长6~8m的直径48mm的钢管与门架立柱卡牢,其高度与宽度分别为3~4个步距与架距,与地面夹角为45°~60°,相邻两个剪刀撑之间相隔3~5个架距。

(7)要及时安装架设连墙杆与建筑结构紧密连接,以避免架子发生横向偏斜的情况。连墙点的最大间距为垂直方向不大于6m,水平方向不大于8m,一般竖向每隔3个步距、水平方向每隔4个架距设置一点。连墙点应与水平加固的大横杆同步设置。

(8)在脚手架的转角处应利用直径为48mm的钢管和旋转扣件,把处于相交方向的门架拉结起来,并在转角处适当增加连墙点的密度。

忌14　高空作业人员未采取安全防护措施

[分析]

参加施工的工人要熟知本工种的安全技术操作规程。在操作中,应坚守工作岗位,严禁酒后操作,并应正确使用个人防护用品和安全防护设施。进入施工现场时,必须戴安全帽,禁止穿拖鞋和光脚。上下交叉作业有危险的出入口应有防护棚或其他隔离设施。距地面3m以上作业应设有防护栏杆、挡板或安全网。安全帽、安全带、安全网要定期检查,不符合要求的应严禁使用。施工现场的脚手架、防护设施、安全标志和警告牌不得擅自拆动。需要拆动的要经过工地施工负责人同意后方可拆动。

防止高空坠落要点如下:

①外沿装饰采用单排外脚手架和工具式脚手架时,凡高度在4m以上的建筑物,首层四周必须支3m宽的水平安全网(高层建筑应支6m宽双层网),网底距下方物体应不小于3m(高层建筑应

不小于 5m)。

②外沿装饰脚手架必须有设计方案,装饰用外脚手架的使用荷载不得超过 1 960N/m²;特殊脚手架和高度超过 20m 的高大脚手架必须有设计方案。

③插口、吊篮、板式脚手架及外挂架应按规程支搭,并设有必要的安全装置;工具式脚手架升降时必须用保险绳,操作人员须系安全带;吊钩须有防脱钩装置。

[措施]

(1)在凳上操作时,单凳只允许站一人,双凳搭脚手板,两凳间距不超过 2m,允许站两人,跳板上不允许放灰桶。

(2)移动式操作平台应按相应规范设计,台面满铺木板,四周按临边作业要求设防护栏,并安装登高爬梯。

(3)梯子不得缺档,不得垫高使用。梯子间距以 300mm 为宜。使用时上端要扎牢,下端应采取防滑措施。单面梯与地面夹角以 60°~70°为宜,禁止 2 人同时在梯上作业,如需将梯子接长使用,应绑扎牢靠。人字形梯底脚要拉牢。在通道外使用梯子应有人监护或设置围挡。

(4)没有安全防护设施时,禁止在屋架的上弦、支撑条、挑梁和未固定的构件上行走或作业。高空作业时,应与地面通信装置保持联系,并由专人负责。

(5)乘人的外用电梯、吊笼应有可靠的安全装置。除指派的专业人员外,任何人禁止攀登起重臂、绳索和随同运料的吊篮、吊装物上下。

(6)高空作业所用材料要堆放平稳,工具应随手放入工具袋(套)内。上下传递物体时禁止抛掷。

(7)从事无法架设防护设施的高处作业时,操作人员必须戴安全带。

(8)高空作业人员要衣着灵便,禁止穿硬底和带钉易滑的鞋。

2 装饰抹灰基层处理

宜

(1)基层凸出部分宜剔平,刷掺胶水泥浆或界面剂,然后用1∶3水泥砂浆分层抹平。

(2)对于有油性脱模剂的混凝土表面,宜先刷一道10%的火碱水,然后用清水冲洗。

(3)装饰抹灰基层处理时,浇水湿润宜在抹灰前24h左右进行,水要浇到渗入墙体8～10mm。

(4)天气炎热时应多浇一些水;在阴雨天和冬季则应少浇水。

(5)散热器和密集管道等背后的墙面抹灰,宜在散热器和管道安装前进行。

(6)门窗框与立墙交接处应用水泥砂浆或水泥混合砂浆(加少量麻刀)分层嵌塞密实为宜。

(7)板条墙或板条顶棚,板条留缝间过窄处,一般达到7～10mm(单层板条)。

(8)不同基层材料交接处应铺钉金属网,两边搭接宽度以不小于100mm为宜。

忌

忌1 砂浆强度和粘结力降低

[分析]

对于以水硬性材料为主的砂浆,如水泥砂浆、水泥石灰混合砂浆、粉刷石膏等，因为砂浆中水被吸走，化学反应需要的水不足，水硬性材料就不能充分硬化，砂浆强度、砂浆和基层的粘结强度都会降低，发生空鼓、开裂、脱落等现象。因此抹灰前必须将基体浇水，但浇水过多，或者浇完水后直接进行抹灰，基体表面(基层)就会有一层明水，使砂浆和基层粘结力下降，砂浆不易上墙。

[措施]

(1)浇水工具可采用软管和喷壶。

(2)浇水的顺序为顺墙自上而下，从左到右。

(3)浇水时间和深度：

①砖墙应提前一天浇水2遍，抹灰前渗水深度为8～10mm。

②加气混凝土墙，因加气混凝土表面孔隙率大，但孔为封闭和半封闭，因此吸水先快后慢，和砖墙相比吸水速度仅为1/3～1/4。浇水应提前2d，并每天2遍以上，使抹灰前渗水深度达到8～10mm。

(4)混凝土墙体吸水率低，抹灰前应浇少量水，待无明水时方可抹灰。

(5)如果各层抹灰相隔时间较长，或抹上的砂浆已干燥，则应在抹下一层砂浆前将底层砂浆浇水湿润，避免刚抹的砂浆中的水分被底层砂浆吸走，产生空鼓。

(6)基层墙面浇水程度还与施工季节、气候和室内外操作环境等有关，应根据实际情况酌情掌握。

忌2 抹灰层厚度不符合规定

[分析]

当墙身垂直度或平整度偏差过大，局部抹灰层厚度超过规定的35mm时，过厚的抹灰层自重大，且干缩率大，容易导致开裂、脱落，会影响抹灰层与基层粘结牢固。

[措施]

(1)控制抹灰层总厚度。抹灰施工应当分层进行，抹灰的总厚度应当符合设计要求；规范规定，当抹灰总厚度≤35mm时，应当采取加强措施。若设计时没有要求，抹灰层的平均总厚度不得大于下列规定：

①顶棚：板条、空心砖、现浇钢筋混凝土板基层为15mm，预制钢筋混凝土板基层为18mm，金属网基层为20mm。

②石墙：抹灰层厚为35mm。

③内墙：普通抹灰为18mm，高级抹灰为25mm。

④外墙：墙面抹灰厚为20mm，勒脚以及突出墙面部分为25mm。

(2)抹灰层每遍厚度的控制。

①抹水泥砂浆每遍厚度为5～7mm；抹石灰砂浆或水泥混合砂浆每遍厚度为7～9mm。

②面层抹灰经赶平压实后的厚度为：麻刀石灰浆不得大于3mm；纸筋石灰浆和石膏浆不得大于2mm。

③混凝土大板和大模板建筑的内墙面和楼板底面一般不抹灰，而宜用腻子分遍刮平，各遍应粘结牢固，腻子总厚度为2～3mm。若用聚合物水泥砂浆、水泥混合砂浆喷毛打底，纸筋石灰浆罩面或用膨胀珍珠岩水泥砂浆抹面，总厚度为3～5mm。

④板条、金属网顶棚和墙面抹灰时，底层和中层宜用麻刀石灰砂浆或纸筋石灰砂浆，各层应分遍成活，每遍厚度为3～6mm。

⑤贴饰面砖水泥砂浆找平层应分层施工，每层厚度应不大于7mm，总厚度应不大于20mm，如超过此值则必须采取加固措施。

⑥铺陶瓷地砖水泥砂浆结合层厚度宜在10～15mm范围内，胶粘剂结合层厚度宜在2～3mm范围内。

忌3 砂浆的配合比不符合设计要求

[分析]

砂浆的配合比不符合设计要求，易产生拌成后的抹灰砂浆颜色不均匀，稠度、干湿不一致等问题。

砌筑砂浆的配合比是指砂浆的组成材料(胶结料、骨料和掺合料)之间的质量比，以水泥质量为1，其他材料质量则与水泥质量之比表示。例如:水泥石灰砂浆的配合比为1∶0.47∶7.28∶1.48,表示水泥质量为1,石灰膏质量为0.47,砂质量为7.28,水质量为1.48,假如一次用水泥50kg,则石灰膏质量为50×0.47=23.5kg,砂质量为50×7.28=364kg,水质量为50×1.48=74kg。

砌筑砂浆配合比应事先通过试配确定。

[措施]

砂浆的材料配合比应当使用质量比。常用砂浆配合比,即每立方米砂浆的组成材料用量可以参照表2-1～表2-5所示。

表2-1　水泥砂浆、素水泥浆配合比

材料	单位	水泥砂浆(水泥∶粗砂)					素水泥浆
		1∶1	1∶1.5	1∶2	1∶2.5	1∶3	
32.5级水泥	kg	765	644	557	490	408	1517
粗砂	m^3	0.64	0.81	0.94	1.03	1.03	—
水	m^3	0.30	0.30	0.30	0.30	0.30	0.52

表2-2　水泥混合砂浆配合比

材料	单位	水泥混合砂浆(水泥∶石灰膏∶粗砂)					
		0.5∶1∶3	1∶3∶9	1∶2∶1	1∶0.5∶4	1∶1∶2	1∶1∶6
32.5级水泥	kg	185	130	340	306	382	204
石灰膏	m^3	0.31	0.32	0.56	0.13	0.32	0.7
粗砂	m^3	0.94	0.99	0.29	1.03	0.64	1.3
水	m^3	0.60	0.60	0.60	0.60	0.60	0.0

表2-3　水泥混合砂浆配合比

材料	单位	水泥混合砂浆(水泥∶石灰膏∶粗砂)				
		1∶0.5∶1	1∶0.5∶3	1∶1∶4	1∶0.5∶2	1∶0.2∶2
32.5级水泥	kg	583	371	278	453	510
石灰膏	m^3	0.24	0.15	0.23	0.19	0.08
粗砂	m^3	0.49	0.94	0.94	0.76	0.86
水	m^3	0.60	0.60	0.60	0.60	0.60

表 2-4 石灰砂浆、水泥石子浆配合比

材料	单位	石灰砂浆(石灰膏：粗砂)		水泥石子浆(水泥：色石渣)			
		1：2.5	1：3	1：1.5	1：2	1：2.5	1：3
32.5级水泥	kg	—	—	945	709	567	473
色石渣	kg	—	—	1376	1376	1519	1600
石灰膏	m^3	0.40	0.36	—	—	—	—
粗砂	m^3	1.03	1.03	—	—	—	—
水	m^3	0.60	0.60	0.30	0.30	0.30	0.60

表 2-5 纸筋、麻刀石灰浆配合比

材料	单位	纸筋石灰浆	麻刀石灰浆	麻刀石灰砂浆(石灰膏：粗砂)
				1：3
石灰膏	m^3	1.01	1.01	0.34
纸筋	kg	48.60	—	—
麻刀	kg	—	12.12	16.60
粗砂	m^3	—	—	1.03
水	m^3	0.50	0.50	0.60

忌 4 不同材料基体交接处抹灰层发生裂缝并脱落

[分析]

不同材料基体交接处，如在框架、短肢剪力墙结构的后砌填充墙与混凝土接合处的竖向接缝处，由于两种基体材料的膨胀系数不一样(普通烧结砖砌体的膨胀系数为 0.5×10^{-5}/℃，混凝土的膨胀系数为 1.0×10^{-5}/℃，两者差 1 倍)，如不在接缝处采取加强措施，抹灰后在温差变化和风荷载的作用下，必将会产生裂缝、脱落等质量问题。

[措施]

在不同材料的基体交接处，抹灰前应根据设计要求采取防止开裂的加强措施，当设计无具体规定时，应在该处的内外两侧，设置孔径 10mm 的金属网钉在骑缝处，金属网与各基体的搭接宽度应不小于 100mm，固定点用 20mm×20mm 厚 2mm 的镀锌钢板做垫板，钉距为 500mm，并用 1：2 水泥砂浆粘牢。

忌 5 抹灰基层凹凸不平

［分析］

抹灰基层凹凸不平，致使抹灰层厚薄相差悬殊，抹灰后灰层干燥收缩不一，容易造成灰层开裂、空鼓，而影响使用。

［措施］

(1)砖砌体砌筑时经常用托线板检查平整度，使其在允许偏差范围内；混凝土墙面模板支设时，应保证模板刚度和平整度，支设牢固。

(2)抹灰前抹灰饼、充筋，检查墙面平整度。局部墙面凸出灰层过薄处应凿除；局部墙面凹陷灰层过厚处，应事先分层刮平，如凹陷超过 35mm 时应钉钢板网分层用 1∶3 水泥砂浆补平，方可进行大面积抹灰。

忌 6 混凝土基层抹灰粘结不牢

［分析］

混凝土上抹灰时，如基层和底层砂浆粘结不牢，易发生空鼓、开裂，因此抹灰前对混凝土基层的处理必须十分慎重。

［措施］

(1)将基层凸出部分剔平，将蜂窝、麻面、露筋、疏松部分剔到实处，刷掺胶水泥浆或界面剂，然后用 1∶3 水泥砂浆分层抹平。

(2)将基层表面灰尘刷净，否则这层灰尘会成为基层和砂浆之间的隔离层，直接影响粘结。

(3)对于有油性脱模剂的混凝土表面，应先刷一道 10%的火碱水，然后用清水冲洗。

(4)为增加砂浆和混凝土面的粘结力可采用涂界面处理剂法和增大接触面法，使用时可任选其一。

①涂界面处理剂法：界面处理剂可增强水泥砂浆或混合砂浆和混凝土基层的粘结力。界面剂目前种类比较多，有的需要干后抹灰，有的涂完后就能抹灰。目前市场上不同厂家产品质量相差较大，应做试抹后再用。

②增大接触面法：光滑表面和砂浆粘结力小，其主要原因是接触面小，为加大接触面可采用下列方法。

a. 凿毛法：其方法是用凿子将混凝土墙面凿出麻面，用钢丝刷将粉尘刷掉，用清水冲洗干净，然后浇水湿润，再刷掺胶的水泥浆一道。凿子可用Ⅱ级钢筋烧红头部，打尖制成。凿出的点越密越好，但目前很少使用凿毛的专用机械（混凝土铣刨机），大都人工凿毛，此法耗费人力比较大。

b. 甩疙瘩法：用素水泥浆或水泥浆中加细砂拌成糊状，用笤帚蘸上后向墙上甩，形成一个个高 3mm 左右的小突起。水泥浆或水泥细砂浆中加胶粘剂更好，如空气干燥则必须加，并应喷水养护。当小突起硬到手指甲已抠不下来时，就可以抹底灰了。

如果说凿毛法是用坑来增大接触面的话，甩疙瘩法则是用突起来加大接触面。

忌 7　抹灰层受到振动而掉落

[分析]

对于已凝结的抹灰层，最好不要受到振动，特别是强大而持续的振动，因为这样很可能使原有的空鼓和裂缝加大。这对于强度低的顶棚抹灰层更显得重要。如果用大锤在楼板上打孔，很可能把抹灰破坏，引起掉落。

[措施]

砂浆在凝结前不要在基体上敲打，使砂浆受到振动。

忌 8　基层未清理干净、未浇水并未抹粘结层

[分析]

抹底灰前基层应清洗干净，然后用清水刷净再浇水湿润。基层清理不干净，墙面浇水未浇透，抹灰后砂浆中的水分会很快被基层吸收，影响粘结力；各抹灰层之间及抹灰层与基体之间没有抹聚合物水泥浆或聚合物水泥砂浆结合层，会导致各抹灰层之间及抹灰层与基体之间粘结不牢固，有脱层、空鼓和裂缝等缺陷。

[措施]

(1)混凝土、砖石基层表面上的砂浆残渣污垢、油污隔离剂、析盐、泛碱等,均应清理干净。一般对油污隔离剂可先用5%～10%浓度的火碱水清洗,然后再用清水洗净。对于析盐、泛碱的基层,可用3%草酸溶液清洗。基层表面凹凸明显的部位,对混凝土凸出的地方要剔平刷净,蜂窝、凹洼、缺棱掉角处,应先刷一道1∶4(108胶∶水)的胶水溶液,并用1∶3水泥砂浆分层补平;加气混凝土墙面缺棱掉角和缝隙处,宜先刷一道掺水泥重20%的108胶素水泥浆,再用1∶1∶6水泥混合砂浆分层补平。

使用定型组合钢模或胶合板底模施工的混凝土墙面过于光滑时,在拆除模板后应先立即用钢丝刷清理一遍,甩聚合物水泥砂浆并养护,也可在光滑的混凝土基层上刷素水泥浆一道,素浆用1∶3～1∶4的乳胶水拌合,刷浆时要适当加压,随即抹底层灰,以1∶2.5～1∶3的水泥砂浆用1∶4乳胶水拌合,厚度应不超过5mm,抹平扫毛经24h后,不等底层发白再进行装饰抹灰。

(2)墙面脚手孔洞,水暖、通风管道通过的墙洞等应作为一道工序认真堵塞严密。

(3)不同基层的材料如木基层与砖面、混凝土基层相接处,应铺钉金属网,搭接宽度应从相接处起,两边均应不小于100mm。

(4)抹灰前的墙面应当浇水、浇透。砖墙基层一般应当浇水两遍,使砖面渗水深度达到8～10mm;加气混凝土基层应当提前两天浇水湿润,每天浇水两遍以上,使渗水深度达到8～10mm;如混凝土基层吸水率低,则在抹灰当天洒水湿润即可。若各层抹灰砂浆层相隔时间较长,或者抹上的砂浆已经干燥,则再抹上一层砂浆时应将底层砂浆层浇水湿润。

(5)水刷石、水磨石、斩假石等,底层砂浆强度等级不能过低,若为加气混凝土基层时,应使用水泥混合砂浆做过渡层。在面层涂抹前应在中层表面上刮一层水泥浆结合层(水灰比为0.37～0.4,并加占水泥重5%～10%的108胶),随刮浆随抹面层,不得有间隔。

3 水磨石及水刷石装饰抹灰

宜

(1)本色或深色水磨石面层宜采用强度等级不低于32.5的硅酸盐水泥、普通硅酸盐水泥或矿渣硅酸盐水泥；白色或浅色水磨石面层宜采用白水泥。

(2)水磨石粒径除特殊要求外，宜为4～14mm。

(3)水磨石抹灰时，颜料应采用耐光、耐酸的矿物颜料；掺入量宜为水泥质量的3%～6%，或由试验确定。

(4)水磨石抹灰时，水泥与石粒的拌合料调配工作必须计量正确，拌合均匀。拌合料的稠度宜为60mm。

(5)水磨石抹灰时，基层处理后，按统一标高确定面层标高，并提前24h将基层面洒水润湿后，满刷一遍水泥浆粘结层，涂刷厚度控制在1mm以内。

(6)水磨石抹灰时，应做到边刷水泥浆，边铺设水泥砂浆结合层，结合层应采用1∶3水泥砂浆或1∶3.5干硬性水泥砂浆。

(7)水磨石面层在水泥砂浆结合层的抗压强度达到1.2MPa后方可进行。在水泥砂浆结合层上按设计要求的分格和图案进行弹线分格，间距以1m为宜。

(8)水磨石抹灰时，水泥石粒浆浇筑厚度一般为10～12mm，视粒径大小而定。

(9)水刷石抹灰中，水泥石子浆的稠度值按石子粒径不同宜控制在40～60mm。

(10)水刷石抹灰罩面前，视底子灰的颜色和施工季节酌情浇水湿润。浇水最好选用喷浆泵。

(11)抹水泥石子浆时宜用力,从上到下,从左到右依次进行,每抹之间的接槎要压平。

(12)水刷石子时,阳角部位宜用刷子往外刷。

(13)水刷石抹灰墙裙打底时,底子灰的上口比设计高度低10mm为宜。

(14)在夏季施工时,水刷石抹灰的面层抹压修整后晾置待刷时,可在面层外粘贴一层浸过水的牛皮纸。

忌

忌1 使用的原材料种类不同

[分析]

做装饰抹灰时,原材料由于没有一次备齐,而追加的材料与原先使用材料的种类又不同,从而存在差别,比如颜色不一致,或者配比不准、级配不一致等,会严重影响视觉效果。

[措施]

(1)同一饰面的装饰抹灰材料必须选用同一产地、同一品种、同一批号、同一细度的水泥、矿物颜料及其他原材料,并且要一次备齐。

(2)同一墙面同色调的砂浆,要统一配料,以求色泽一致。使用前应将材料一次干拌均匀、过筛,并用纸袋贮存,使用时加水搅拌。

忌2 使用的骨料未过筛且冲洗不干净

[分析]

使用没有过筛及冲洗干净的骨料(石粒、砾石等)做装饰抹灰,不仅影响装饰抹灰的外观质量,也会导致表面石子疏密不一致,饰面浑浊,不清晰,甚至出现掉粒等现象。

[措施]

(1)要求石渣颗粒坚韧、有棱角、洁净,使用前应过筛,冲洗干净并晾干,装袋或用苫布盖好存放,防水、防尘、防污染。

(2)宜选用中砂,使用前应用 5mm 筛孔过筛,含泥量不大于3%。石子要求采用颗粒坚硬的石英石(俗称水晶石子),不含针片状和其他有害物质,石子的粒径约 4mm 为宜,如采用彩色石子应分类堆放。

(3)石粒浆配合比。水泥石粒浆的配合比应依石粒粒径的大小而定,大体上按体积比水泥为 1,大八厘(粒径 8mm)石粒为 1,中八厘(粒径 6mm)石粒为 1.25,小八厘(粒径 4mm)石粒为 1.5。稠度应为 50~70mm。如饰面采用多种彩色石子级配,应按统一比例掺量先搅拌均匀,所用石子应事先淘洗干净。

忌 3 抹灰饰面在水平和垂直方向不一致

[分析]

(1)如抹灰前上下、左右没有拉水平和垂直通线,施工易产生较大偏差。

(2)在结构施工中,如现浇混凝土和构件安装偏差过大,抹灰时则不容易纠正。

(3)砌筑施工中游丁走缝较差,易造成上下层外窗口竖直方向不在一条直线上。

[措施]

(1)在施工中,现浇混凝土和构件安装都应在垂直和水平两个方向拉通线,并找平找直,以减小结构施工的偏差。

(2)砌砖中应用靠尺和铅笔在墙上(间距 2~3m)画立线,以控制游丁的走缝,砌筑上一层窗口时应同下层吊线,以保证各层窗口边缘一致。

(3)安窗框前,应根据窗口间距找出各窗口的中心线和窗台的水平通线,并按中心线和水平线立窗框。

(4)抹灰前应在阳台、阳台分户隔墙板、雨篷、柱垛、窗台等处的水平和垂直方向拉通线找平找正,每步架起灰饼,再进行抹灰。

忌 4　墙面抹灰前未做灰饼和标筋

［分析］

做内墙抹灰时，做完基层处理后，应做灰饼，做灰饼的主要目的是控制抹灰层的垂直度、平整度和厚度，在接下来的工序中，还应为墙面做标筋，然后才可以抹底子灰。如果抹灰前不抹灰饼、不充筋，则抹灰厚度无法控制，容易造成抹灰厚薄不均，灰层干燥收缩不一致，产生裂缝、空鼓等情况；同时灰层产生表面不平，特别在阳光照射下越发难看，并易积灰尘。

［措施］

施工时应先在墙面上端距阴角、阳角 150～200mm 处，根据已确定的抹灰层厚度，用 1∶3（体积比）水泥砂浆做成 50mm×50mm 见方的灰饼，首先做两端头的灰饼，并以这两块灰饼为依据拉准线，然后依拉好的准线每隔 1m 左右做一个灰饼，如图 3-1 所示。上部灰饼做好以后，应用托线板和线坠依据上部灰饼的厚度做下部的灰饼，下部灰饼位置应高于踢脚线的高度，一般离地面不小于 200mm，做法与上部灰饼做法相同。灰饼的厚度不得大于 25mm，也不得小于 7mm。

图 3-1　做灰饼

墙高 3.2m 以上时，需要两个人挂线做灰饼，如图 3-2 所示。

墙面做完灰饼后还要做标筋。标筋也叫冲筋，是在两个灰饼之间抹出的一条宽为 100mm、厚度与灰饼相同的长灰埂，它是抹底子灰填平的标志。施工时先将墙面浇水湿润，再在上下两个灰饼间分层抹出一条比灰饼高出 5～10mm、宽为 100mm 的灰埂，灰埂要求呈八字形，以便与抹灰层的连接，如图 3-3 所示。然后用刮杠紧贴灰饼上下来回搓，直到把标筋搓得与灰饼一样平为止。操

图 3-2 找规矩

作时应检查木杠是否受潮变形，如发现木杠变形要及时修整，以免因标筋不平而造成墙面抹灰高低不平。

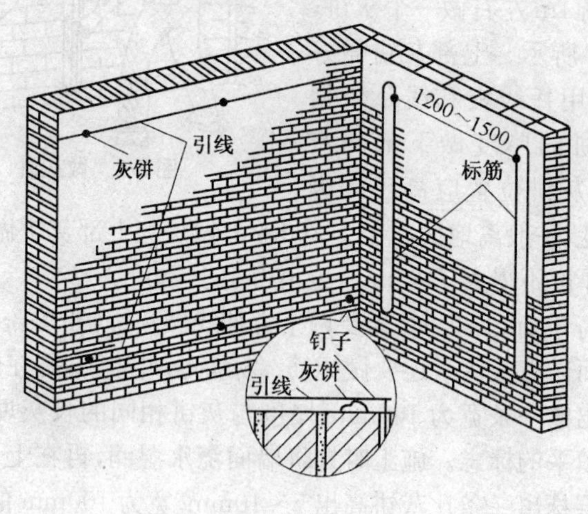

(a)

图 3-3 做标筋

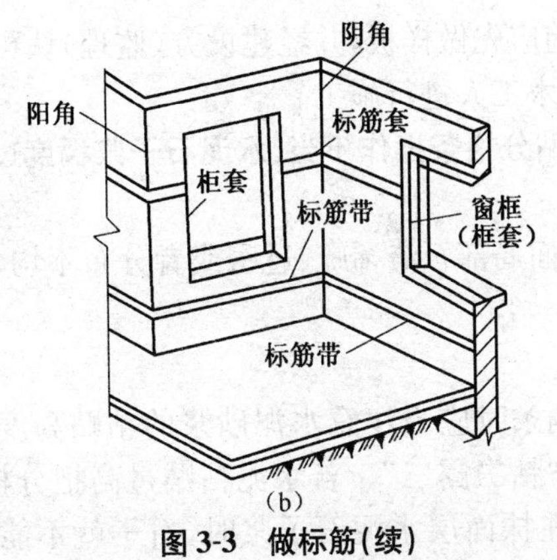

图 3-3 做标筋(续)

(a)灰饼、标筋位置示意图 (b)水平横向标筋示意图

忌 5 使用的水磨石色泽不一致

[分析]

如罩面用的带色水泥石子浆用的原料规格不一致;同一批料的色灰没有统一和集中配制;石渣未清洗干净,会造成装饰抹灰后墙面颜色不均,色彩较差,严重影响装饰效果。

[措施]

(1)同一墙面所用的原材料必须使用同一生产厂、同一规格、同一批号的材料,需要的数量一次备足,防止施工中途断料。

(2)在配料时,必须按选定的样板配色灰,称量要准确,搅拌要均匀,过箩后装入水泥袋,称重,并注明颜色、品种,封好以备使用。使用的石渣筛去粉屑,清洗后按规格堆放。在同一面层上采用几种颜色、图案,操作时要先深色后浅色,先大面后镶边。等一种水泥石子浆初凝后,再抹后一种水泥石子浆,不要几种不同颜色的水泥石子浆同时铺设,造成分格条处的深色污染浅色。

(3)每次拌合的水泥石子浆或彩色砂浆的加水量应准确,所需饰面应湿润均匀,以防止失水过快,造成颜色不一。

(4)雨天不得施工,常温施工时为了使颜色均匀,应在石子浆中掺入分散剂木质素磺酸钙和疏水剂甲基硅醇钠。

(5)施工前应先做样板，并经建设方(监理)认可后，方可由有实践经验的技术工人进行施工。

忌6 粘贴分格条操作不当，水泥石子浆稠度过大

[分析]

水磨石表面局部石渣稀疏、过密或者分布不均匀从而影响装饰效果。

[措施]

(1)粘分隔条时应当注意水泥砂浆的粘贴高度和水平角度。正确的粘法是“粘二露三”。若水泥粘贴过高把分格条也粘贴在水泥浆里，则在抹面层水泥石子浆时，石子就不能靠近分格条。面层磨光后，分格条两边10mm左右的地方往往没有石子，或者有些稀疏的小石子，不美观。

(2)面层石子水泥浆以半干硬为最好，稠度为60mm。铺放石子水泥浆后，在面层表面再均匀地撒上一层比较粗的干石子，并压实、压平，然后用辊子滚压，使表面石子更加均匀、密实、美观。

(3)现制水磨石墙面时石子浆面层厚度应当一次抹足，并用铁抹子压实、抹平。如有凹洼处应将凹洼范围成整块挖掉，用石子浆只一次补平、压实。

(4)水磨石地面的构造要符合表3-1、表3-2和表3-3的要求；踢脚的构造要符合表3-4、表3-5和表3-6的要求。

表3-1 现制水磨石楼面构造

构造层名称	使用材料	厚度(mm)	说明
面层	1∶2.5水泥石子浆	12～18	在钢筋混凝土叠合式或现制钢筋混凝土楼板上做水磨石，可刷素水泥浆一道，不再做水泥炉渣垫层，水泥、石子颜色、粒径由设计决定
结合层	素水泥浆	—	
	1∶3水泥砂浆	20	
	嵌分格条	—	
垫层	1∶6水泥炉渣	60,80,100	
结构层	钢筋混凝土楼板		

表 3-2　现制水磨石地面构造

构造层名称		使用材料	厚度(mm)	说　明
面层		1∶2.5 水泥石子浆	12～18	水泥、石子颜色、粒径由设计决定
结合层		素水泥浆	—	
		1∶3 水泥砂浆	20	
		嵌分格条	—	
垫层	1	C10 混凝土	50	
		3∶7 灰土	100	
	2	C10 混凝土	50	
		卵石灌 M2.5 混合砂浆	150	
基土		素土夯实	—	

表 3-3　浴、厕等房间现制水磨石地面构造

构造层名称		使用材料	厚度(mm)	说　明
面层		1∶2.5 水泥石子浆	12～18	(1)防水层四周卷起 150mm 高，外粘粗砂 (2)所有竖管及地面与墙转角处均填加 300mm 宽卷材（布）一层，卷起 150mm 高 (3)找平层细石混凝土从门口处向地漏找泛水，最高处 60mm 厚，最低处不小于 30mm 厚
结合层		素水泥浆	—	
		1∶3 水泥砂浆	20	
防水层		冷底子油一道，一毡二油防水层	—	
		水乳型橡胶沥青防水涂料一布（无纺布）四涂		
找平层		1∶2∶4 细石混凝土	30,60	
垫层	1	1∶2∶4 细石混凝土	40	
		3∶7 灰土	100	
	2	1∶2∶4 细石混凝土	40	
		卵石灌 M2.5 混合砂浆	150	
基土		素土夯实	—	

表 3-4　砖墙面现制水磨石踢脚构造

构造层名称	使用材料	厚度(mm)	说　明
面层	1∶2.5 水泥石子浆	8	踢脚高度为 100～120mm
结合层	素水泥浆（掺 108 胶）	—	
底层	1∶3 水泥砂浆	12	

表 3-5 混凝土墙面现制水磨石踢脚构造

构造层名称		使用材料	厚度(mm)	说 明
面层		1∶2.5 水泥石子浆	8	底层 2 的水泥砂浆两遍完成，第一遍 8mm，第二遍 6mm
结合层		素水泥浆(掺 108 胶)	—	
底层	1	1∶3 水泥砂浆	12	
		素水泥浆(掺 108 胶)	—	
	2	1∶3 水泥砂浆	14	
		素水泥浆(掺 108 胶)	—	

表 3-6 加气混凝土墙面现制水磨石踢脚构造

构造层名称	使用材料	厚度(mm)	说 明
面层	1∶2.5 水泥石子浆	8	—
结合层	素水泥浆(掺 108 胶)	—	
底层	2∶1∶8 水泥石灰砂浆	10	
	108 胶水溶液(配合比 1∶4)	—	

忌 7 水泥砂浆结合层刷得太早或刷得面积太大

[分析]

水泥砂浆结合层不应刷得太早或刷得面积太大。刷水泥砂浆结合层的目的是增强找平层与基层的粘结力，如果不边铺设砂浆边涂刷，而是预先刷一大片，待铺砂浆时水泥浆结合层就会干燥，不仅起不到粘结作用，相反起隔离作用，造成找平层与基层之间空鼓。

[措施]

涂刷用的水泥砂浆稠度要适当(一般水灰比为 0.4～0.5)，不能采用先撒水泥面、再浇水、用扫帚来回扫的方法。根据找平层砂浆铺设速度，应用刷子将已拌好的水泥浆均匀涂刷在基层上，砂浆应铺多少就刷多少。

忌 8 水刷石的石子不均匀、颜色不一或成“大花脸”

[分析]

(1)底层灰干湿度掌握不好。底层灰湿度小，干得太快，不易抹平压实，刷压过程中石子颗粒在水泥浆中不易转动，造成较多石子尖棱朝外，喷洗后显得疏密不匀、不平整，也不清晰。

(2)喷洗过早或过迟。喷洗过早，面层很软，石子易掉；喷洗过迟，面层已干，石子遇水易崩掉且喷洗不干净，造成表面污浊。

(3)使用水泥品种杂乱，选用石子不均，筛选不严，或同一壁墙喷洗有早、有迟，造成洗刷不匀、颜色深浅各异。

(4)喷洗的工艺不当，以致废水流淌，污染墙面，造成“大花脸”。

[措施]

(1)水泥使用不低于 32.5 级的同一厂家、同一批号、颜色一致的矿渣硅酸盐水泥或普通硅酸盐水泥，超过 3 个月保存期的水泥不得使用。石子使用颗粒坚硬的石英石，不含针片状和其他有害物质，石子的粒径均匀，用水洗干净。

(2)根据操作时的气温控制水灰比，避免撒干水泥粉。

(3)抹上水泥石子浆罩面稍收水后，先用铁抹子把露出的石子尖棱轻轻拍平压光，再用刷子蘸水刷去表面浮浆，拍平压光一遍。再刷再压，须在 3 次以上。石子表面应排列紧密均匀。

(4)开始喷洗时要注意石子浆软硬程度，手按或用刷子刷，以石子不掉粒为宜。

(5)刮风天气不宜施工，以免混浊浆雾被风吹到已做好的水刷石墙面上，造成“大花脸”。

忌 9 对水刷石面层的刷洗技巧不了解

[分析]

水刷石喷洗是一道关键的工序，喷洗过早或者过度，面层还很软，石子容易脱落，会出现掉石子的现象；喷洗过晚，则面层已干，遇到水后石子容易崩掉，而且不易喷干净，造成面层浑浊不清晰，从而影响美观。

[措施]

(1)面层开始凝结后(表面略发黑,手指按上去不显指痕,用刷子刷石粒不掉),即可开始刷洗面层,喷刷分两遍进行。第一遍先用软毛刷蘸水刷掉面层水泥浆,露出石粒。第二遍随即用手压喷浆机(大八厘或中八厘时用)将四周相邻部位喷湿,然后由上向下顺序喷水。喷水要均匀,喷头距离墙面10～20cm,将表面及石粒间的水泥浆冲出,使石粒露出1/3～1/2粒径,达到清晰可见、均匀密布的效果。然后再用小水壶或1/4寸自来水管从上到下冲洗干净,冲洗速度不要过快,要避开大风天气,否则墙面会“开花”。应按照先罩面先冲洗,由上到下的顺序进行。

(2)喷水要快慢适度。喷水速度过快会冲不净浑水浆,表面易呈现花斑;速度过慢则会出现塌坠现象。喷水时要及时用软毛刷将水吸去,以防止石粒脱落。分格缝处也要及时吸去滴挂的浮水,以使分格缝保持干净清晰。如果水刷石面层过了喷刷时间而开始硬结,可用3%～5%盐酸稀释溶液洗刷,然后用清水冲净,否则,会将面层腐蚀而出现黄色斑点。

(3)喷刷时应做好排水工作,不要让水直接顺墙面往下流淌。一般是将罩面分成几段,每段抹上阻水的水泥浆,在水泥浆上粘贴油毡或牛皮纸将水外排,使水不直接往下淌。喷刷大面积墙面时,应先罩面先喷刷,后罩面后喷刷,罩面时由上往下,这样既保证上部罩面喷刷方便,也可避免下部罩面受到损坏。

(4)喷刷时,如发现局部石子颗粒不均匀,应用铁抹子轻轻拍打,以达到表面石子颗粒均匀一致;如发现表面有干裂,要用抹子抹压,以抹去裂缝;如发现流坠和坠裂,应在表面撒上水泥,再进行抹灰,若有裂缝不马上处理,则会造成喷洗水内渗造成面层坠塌。

(5)用小水壶由上而下冲洗干净。接槎处喷洗前,应先把已完成的墙面用水充分喷湿300mm左右宽,否则浆水溅污到已完成的干燥墙面上,不易再喷洗干净。

(6)若用白水泥石子浆做水刷石,必须保证使用的工具洁净,防止污染。与冲刷普通水刷石相比水流速度应慢些，喷刷更应仔细，防止掉粒。最后用稀草酸溶液洗一遍，再用清水洗一遍。

忌 10　水刷石墙面局部出现空鼓、裂纹、表面流挂

[分析]

(1)一次抹灰太厚或者各层抹灰跟得太紧，会造成砂浆层内外收缩快慢不同，容易产生开裂，甚至起鼓脱落的情况，同时灰层过厚，自重大，容易往下坠，拉裂灰层。

(2)主体施工没有达到质量要求，墙面垂直度和平整度偏差较大，会使抹灰面过厚或者过薄，容易造成水泥砂浆的收缩应力较大或者不均匀，影响砂浆的粘结力。

[措施]

(1)水刷石装饰抹灰一般做在砖墙、混凝土墙、加气混凝土墙等基体上，为使基体与底层、中层砂浆，底层、中层砂浆与面层砂浆牢固结合，根据基体的不同，有多种分层做法，其中常见的做法有以下几种：

①砖墙基层。

a. 用1∶3水泥砂浆抹底层，厚度应为5～7mm。

b. 用1∶3水泥砂浆抹中层，厚度应为5～7mm。

c. 刮水灰比为0.37～0.40水泥浆一遍。

d. 面层应用1∶1.25水泥中八厘石粒浆(或1∶0.5∶2水泥石灰膏石粒浆，或1∶1.5水泥中八厘石粒浆，或1∶0.5∶2.25水泥石灰膏石粒浆)，厚度应为8～10mm。

②混凝土墙基层。

a. 刮水灰比应为0.3～0.40水泥浆或洒水泥砂浆。

b. 用1∶0.5∶3水泥混合砂浆抹底层，厚度应为5～6mm。

c. 用1∶3水泥砂浆抹中层，厚度应为10mm。

d. 刮水灰比应为0.37～0.40水泥浆一遍。

e. 面层用1∶1.25水泥中八厘石粒浆(或1∶0.5∶2水泥石灰膏石粒浆)或1∶1.5水泥小八厘石粒浆(或1∶0.5∶2.25水

泥石灰膏石粒浆)，厚度应为8～10mm。

③加气混凝土墙基层。

a. 涂刷一遍界面剂。

b. 用2∶1∶8水泥混合砂浆抹底层，厚度应为7～9mm。

c. 用1∶3水泥砂浆抹中层，厚度应为5～7mm。

d. 刮水灰比为0.37～0.40水泥浆一遍。

e. 面层用1∶1.25水泥中八厘石粒浆(或1∶0.5∶2水泥石灰膏石粒浆)或1∶1.5水泥小八厘石粒浆(或1∶0.5∶2.25水泥石灰膏石粒浆)，厚度8～10mm。

(2)在抹面层水泥石子浆前，应在底子灰上满刮一道素水泥浆结合层，其水灰比为0.37～0.4、并加5%～8%的108胶，然后抹面层水泥石子浆，随刮浆随抹面层，并不得间隔。若素水泥浆干燥，不仅起不到结合层的粘结作用，而且成了隔离层，更容易发生空鼓、裂缝。刮素水泥浆应在底灰六七成干时进行，若底灰干燥则应当浇水湿润。

(3)在气候炎热时，为了避免面层凝结过快而难以操作，可以适当的在罩面灰中加入石灰膏，且其掺量应不超过水泥用量的50%。

(4)面层开始凝固时应用软刷蘸清水刷掉面层的水泥浆，喷刷时应从上向下，左右应看风向顺风微倾喷刷，直至石子全部的外露，表面清晰干净。

忌11 水刷石墙面阴阳角歪斜且出现黑边

[分析]

(1)抹阳角罩面石子浆时，第一天抹完上一节，在第二天抹下一节时，往往是把靠尺对正贴在上一节抹完的阳角处，用铁抹子压下一节的石子浆时，往往将浆液挤压进上一节的面层石子缝隙中，水泥浆冲洗后，上下节罩面会出现不平或错台，形成阳角接槎部位的不平直。

(2)抹阳角反贴八字靠尺时，抹完一面起尺后，正贴八字靠尺若与抹完面的棱角不一致，如尺边低于棱角，势必会拍动伸出棱角的石子尖棱，石子就会松动，待冲洗时石子就易脱落；如尺边高于棱边，则易出现水泥黑边。

(3)阴角处抹罩面石子浆不能一次成活，应弹垂直线找规矩。

(4)喷洗阴阳角时，喷水角度和时间掌握不适当，石子被喷洗掉。

[措施]

(1)罩面灰施拌前，底子灰应从上到下施抹完毕，并进行检查验收，验收标准同面层，在阴阳角处必须设检查点，且应全部在合格范围内。

(2)阳角贴尺宜比上节已抹完的阳角略高0.5～1.0mm，经抹压、冲洗、干缩后，上下节阳角可对正平直。

抹阳角反贴八字靠尺时，抹完一面层后，伸出的八字棱应与另一面厚度相等，使罩面石子浆正交在尖角上。

(3)阳角喷洗前，应先用软刷蘸水将阳角两边附近的灰浆刷掉，如有欠缺，应再压一遍，然后骑角由上而下顺序喷洗。要准确掌握喷洗时间和要领，避免石子脱落和喷洗不净，最后用水壶再次冲净污水。

喷洗阴角时要注喷头的角度和喷水时间，如果角度不对，喷出的水顺阴角流量比较大，产生相互折射作用，容易把阴角旁边的石子冲洗掉，如喷洗时间短，则喷不干净。

(4)阴角交接处的水刷石面层宜分二次操作完成，先做一个面然后再做另一个面。在靠近阴角处，按照罩面石子浆厚在底子灰上弹上垂直线，作为阴角抹直的依据；然后在已抹完的一面，靠近阴角处弹上另一条垂直线，作为抹另一面的依据。分两次操作可以解决阴阳角不垂直的问题，也可以防止阴角处石子脱落、稀疏等现象。

忌12 做角刷石、墙面刷石时没有采取保护措施

[分析]

做角刷石、墙面刷石应采取保护措施，避免新旧刷石面相互

污染，导致刷石墙面不美观，整体效果差。

[措施]

(1)若刷石墙面脏，应当在施工前将刷石面层抹平、压光，用喷雾器洗一遍再用净水冲刷一遍，及时将压出的水泥浆冲洗干净。

(2)水泥的品种、颜色应一次备齐，石渣的配比和拌灰应有专人负责。

(3)为了解决冲洗第二块时污染第一块刷石的问题，可在粉好第二块刷石石渣时压平压实，冲刷前先将第一块刷石面层用喷雾器喷湿，再喷刷新做的一块刷石，这样就能将喷上的水泥浆洗净。

(4)打底灰要平整，不能有坑洼不平的表面。刷石面层不可太厚，应当控制在10～12mm，且分两遍刷平。

(5)严格的控制拌合石渣浆的和易性和加水量，并控制好压活的遍数使灰层密实。夏天要对灰层浇水养护。

(6)应提前对已交活的刷石墙进行有效的遮挡。特别是风天，注意遮挡的风向，风大时最好停止施工。

(7)做好施工方案，注明墙面分格的要求，并且对方案进行交底，使施工人员明确刷石墙不能乱甩槎。留槎部位应当放到分格条、管后边或者独立的装饰部位中。

忌13 粘贴分格条不当

[分析]

水刷石抹灰时，粘贴分格条不当，不仅影响装饰外观质量，也易使墙面产生裂缝、空鼓、脱层等现象。

[措施]

大面积装饰抹灰宜设分格缝，分格应按设计要求，分格合理，并一次抹完一块，中间不留槎为宜。如分格块较大，则应安排上下(或左右)两人同时操作，确保一次抹完一块。分格要同脚手架高度协调，避免不必要的接槎，如必须留槎时，应注意把接槎位置留在阴阳角或水落管处。

分格条可使用一次性的成品分格条，使用后不再起出；也可以使用优质红松木制作的分格条，但应注意粘贴前用水浸透，一般应当浸24h以上，用以增加韧性，便于粘贴和起条，保证灰缝整齐和边角不掉石粒。分格条用素水泥浆粘贴，两边八字抹成45°，过大时石子颗粒不容易嵌进灰缝，喷刷后容易出现石子缺少和黑边；过小时易将分格条挤压变形或者起条时掉石子较多。

木分格条应当天贴条，石子冲刷干净后便可以起出。起条时应用铁抹子尖插入分格条上下轻轻地摇动，由一端开始逐渐地取出，避免将粘贴的素水泥浆带出、碰掉石子或者边角。

忌14 抹罩面水泥石粒浆时未抹平、压实

[分析]

水刷石抹灰时，墙面如没有抹实、压平，凹坑内水泥浆没有按顺序冲刷干净、漏洗，将造成墙面不平整、不干净，影响观感。

[措施]

在抹罩面水泥石粒浆时必须抹平，压实，刷洗时要按顺序进行，不要漏洗。

忌15 未协调好台阶、散水与刷石的施工，忽略墙面根部的清理

[分析]

首层刷石施工前，若散水、台阶的结构没有施工完成，会导致水刷石面层一次不能抹到底，留下接槎；若墙面根部未清理干净，会致使压活质量太次，使喷刷后石渣脱落毛糙，形成根部处理不清晰，从而影响面层的观感和整体的完整性。

[措施]

(1)首层刷石施工前最好先将散水、台阶等结构工程施工完成，以便于刷石能一次做到底，不留接槎。如果散水、台阶等结构由于其他原因不能预先完成，则其刷石面层应抹至散水、台阶等结构混凝土面层以下50mm，以保证刷石面层以后不会出现烂根现象。

(2)水刷石面层施工部位的障碍必须清除，尤其是墙面根部基层上的泥浆、混凝土残渣等必须清理干净，以确保刷石面层的整体性。

忌16 雨期抹灰，没有采取防雨措施

[分析]

在雨期抹灰时，雨水不仅会使砖石的含水率增加，而且会使砂浆产生离析现象，从而减弱砖石和砂浆的粘结力，影响抹灰的质量。

[措施]

(1)不得使用过湿的砖，避免砂浆流淌，影响质量。雨后继续施工时，应当复核砌体的垂直度。

(2)所用的砖石应当堆放在地势较高不容易被水浸泡的场地，在堆垛上面覆盖防雨材料。

(3)砂浆要随伴随用，稠度值要小一些；运输砂浆时要采取防雨措施，防止雨水浸入。

(4)抹灰时适当减少水平灰缝的厚度，一般控制在8～9mm为宜，用以减少砌体总的沉降量。

(5)经常检查脚手架，防止其下沉。

4 外墙抹灰以及干粘石、斩假石和假面砖装饰抹灰

宜

(1)干粘石抹灰宜采用玻璃条做分格条，其优点是分格呈线形，无毛边，且不起条，一次成活。

(2)干粘石抹灰如无设计要求，分格条短边以不大于1.5m为宜，宽度视建筑物高度及体型而定，一般木制分格条不小于20mm为宜。

(3)干粘石所用的水泥宜为强度等级32.5级以上的矿渣硅酸盐水泥，一般采用中砂。

(4)干粘石抹灰弹分格线时，宜弹在分格条的一侧，不要居中。

(5)干粘石抹灰时，石子在使用前要提前过筛。

(6)在干粘石抹灰阳角处，宜采用近阳角处相邻两墙同时抹、同时粘的方法施工。

(7)在门窗、碹脸、阳台、雨罩处粘石粒时，应先粘小面，后粘大面，在大、小面交角处应使用八字靠尺，在起尺后应及时用筛底小石粒修补黑边，使其石粒粘结密实。

(8)粘完石粒后，应及时检查有无石粒粘结不密实的地方。如有，应用刷子蘸水甩在其上并及时补粘石粒，使石粒分布均匀密实。灰层有坠裂现象时也应在灰层终凝前拍实。对于阳角处出现的黑边，应在起尺后及时补粘石粒并拍实。

(9)石粒粘完后，应及时用抹子将石粒压入灰层，并用铁抹子轻轻地溜一遍以减少抹痕。

(10)在斩剁斩假石时，保持斩石墙面的湿润，如墙面太干燥时，应予蘸水湿润后进行斩剁。

(11)斩假石在操作时，应自上而下进行，先斩转角和四周边缘，后斩中间，斩斧要保持锋利。

(12)当底层、面层总厚度超过 40mm 时，在斩假石底层宜加铺 ϕ4mm 或 ϕ6mm 的钢筋网，其间距为 200mm。

(13)剁石时应使剁斧垂直于墙面剁向面层，一般宜剁入石子粒径的 1/3，约 1mm 深。

(14)开始斩剁时宜把周边近镜边处先斩剁完，然后再剁中间大面。

(15)面层斩剁完毕后，要边浇水边把斩剁时留在墙面上的残屑和粉尘用钢丝刷子刷干净。

(16)面层石粒浆完成后 24h 开始浇水养护，常温下一般为 5～7d，其强度达到 5MPa，即面层产生一定强度但不太大，剁斧上去剁得动且石粒剁不掉为宜。

(17)斩假石抹灰宜安排在正温条件下。

(18)为保证剁纹垂直和平行，宜在分格条内画垂直线控制，或在台阶上画平行线、垂直线，控制剁纹保持与边线平行。

(19)每斩剁好一行后，应将分格条取出，并检查分格缝内灰浆是否饱满、严密，如发现有孔隙和小孔时，应及时用素水泥浆修补平整、顺直。

(20)当基层表面平整度偏差较大时，每层抹灰不要跟得太紧，要待前一遍砂浆有一定强度后再进行下一步的施工，并要洒水养护。

(21)斩剁前要先在分格条周边量出 20mm 宽弹上线，斩剁时做弹线留出分格条周边 20mm 不剁，作为镜边，增加美感。

忌

忌1　外墙抹灰出现裂缝

[分析]

目前,不少用水泥砂浆或水泥混合砂浆抹的外墙面会出现一些裂缝或龟裂,既影响建筑物美观又易造成外墙面渗水影响使用。

外墙裂缝可分为两种,一种是由于墙体开裂而导致抹灰层裂缝;另一种是由于抹灰层自身原因产生的裂缝。

(1)由于墙体开裂而导致抹灰层裂缝。

①框架填充墙与柱之间的裂缝。其产生的原因如下:

a. 墙与柱拉接筋不足。墙超长、超高时未按规范要求设构造柱。

b. 墙体砌筑时缝内砂浆未塞满塞实,且梁底斜砖塞得不紧实。

c. 框架填充墙一次砌成,未等墙体沉实后再塞砌梁底斜砖。

②约束力强、应力集中部位的裂缝。该裂缝多发生在外墙转角处,房屋顶部的连梁、圈梁、窗台腰线处。其产生的原因主要是设计未做相应的抗裂验算,抗拉构造筋不足或疏漏。另外,泵送混凝土坍落度大(15～18cm,过去现场搅拌4～5cm),料粉掺量多(粉煤灰等约占15%,过去现场搅拌受条件限制,掺量很少),混凝土强度等级高。对上述变化施工人员未予以充分的注意,未采取相应的措施。

③基础不均匀沉降导致墙体开裂。有些建筑上部结构刚度和荷载变化大,而地基承载力低,造成基础沉降大而且不均匀,而基础的不均匀沉降又引起建筑上部墙体开裂。

④砌体裂缝。过去使用黏土砖出现裂缝较少,因为黏土砖相

对吸水率低,收缩率较小,施工工艺成熟。现在使用加气块、混凝土空心砖等轻质新型墙体材料,则裂缝发生的情况较多。主要原因如下:

a. 因为这些材料吸水率和干缩性相对较大,而使用前静置炭化的时间短,往往蒸养强度一到就出厂送到工地。

b. 砌筑时灰缝较大、砂浆不饱满,水平缝面的空洞面大不便于铺灰。

c. 由于砌块尺寸大、丁头缝砂浆不易塞满。

d. 湿度因其吸水率大不易控制。

e. 施工人员对新型建材的特性不了解,有关的施工工艺和技术措施不熟悉,施工未针对性地采取有效措施。

(2)抹灰层自身原因产生的裂缝。

①抹灰层自身裂缝分为壳裂和龟裂。壳裂是指抹灰层与基层粘结不牢空鼓开裂。它是由于未清洁基层而受尘土油污的影响,基层太光滑未凿毛,抹灰时基层未浇透水,吸水快使砂浆脱水等原因造成的。所谓龟裂是指抹灰层不规则的收缩缝,直接原因是抹灰层脱水过快,收缩量超过了其水化、炭化强度的增长。要增加抹灰层的湿度,减少抹灰层的厚度,注意抹灰后的保湿养护。

②设计。有些设计人员把外墙面设计成混合砂浆抹灰打底,水泥砂浆抹面,其用意是节约水泥,降低造价而又防水。但在温度和湿度变化影响下,抹灰层会产生膨胀或收缩。混合砂浆与水泥砂浆之间收缩值不同,面层水泥砂浆强度高,会约束里层砂浆的膨胀,在同样的温度和湿度下,抹灰内外层的变形不一致而导致开裂。

③面层抹灰砂浆强度高于里层抹灰砂浆强度。面层砂浆在硬结过程中产生的收缩力会破坏里层砂浆的强度,还会造成外层与里层之间空壳脱落产生裂缝。所以设计时应使抹灰砂浆里硬外软,砂浆强度应合理过渡。

④材料。有些施工单位常用细砂代替中粗砂。细砂相对于中粗砂单位体积比表面积大，相对需要水泥胶结的面积多，收缩量相应增加因而易产生收缩龟裂。砂子含泥量高，影响砂浆粘结力、降低砂浆强度，从而增大了抹灰层砂浆的收缩量。

水泥的品种、批号不同，也会影响外墙粉刷质量。如果水泥品种不当，矿渣水泥中混合料掺量较多，泌水性和干缩性都会较大，使用后比采用普通水泥拌制的砂浆收缩值大，且易开裂。外墙抹灰宜采用粉煤灰水泥，因粉煤灰水泥干缩性较小。使用的水泥标号越高，水灰比越大。

⑤施工。

a. 墙面浇水湿润是抹灰的重要操作工艺。由于砖墙吸水率大，一般要求隔夜湿润墙面。如果不按要求操作，施工前草率浇点水就直接抹灰，极易造成砂浆失水过快。

b. 一次抹灰过厚，易造成砂浆表面干燥太快，产生的收缩应力速度大于砂浆强度增长速度，同时外干内湿，里外收缩不一致就容易出现收缩裂缝。而一次抹灰薄，所产生的收缩应力相对较小，砂浆强度的增长速度较快，可以防止砂浆出现收缩裂缝。

c. 冲筋不当造成裂缝。在墙体抹灰前，对墙体进行冲筋以控制墙体抹灰平整度。但冲筋使用的砂浆往往与抹灰使用的砂浆不同，冲筋使用的砂浆强度高，但周围批嵌的砂浆强度低，两种材料收缩值差异较大，而有些冲筋和抹灰工序间隔时间过长，在批嵌接面时形成施工缝，也易产生裂缝。

d. 外墙面层过分打磨，使面层水泥浆吊脚、收头太快，容易造成抹灰层起壳表面龟裂。

[措施]

想要避免和减少外墙出现裂缝或龟裂，施工质量是关键。要根据具体情况编制防止外墙抹灰起壳裂缝的技术措施。

(1)施工管理方面，楼层施工用水的立管根据结构进度跟上，每层至少有两个水龙头,供外墙抹灰之前冲洗墙面和抹灰后浇水养护用。

(2)如砖混结构每次砌墙高度应在1.4m以下,纵墙与横墙必须同时砌筑,砖砌体采用"三一"挤浆砌筑工艺,砌体的水平和垂直灰缝的饱满度必须大于80%。砖墙与混凝土柱之间拉结筋不能漏放,框架填充墙与柱、梁交接缝砂浆必须塞满,梁底塞砌斜砖应待墙体沉降稳定后再砌筑。抹灰前对外墙上的脚手洞、螺栓穿墙孔应进行全面检查,派人进行修补并办理隐蔽验收。

(3)布置外墙抹灰时,按不同的季节来布置不同的外墙操作面。夏季做外墙抹灰,要避免高温太阳直晒,防止抹灰早期脱水产生开裂,上午应布置在西山墙工作,冬季应尽量安排在上午9点至下午4时。如必须在夏季高温时间内施工,要在脚手架上设遮阳棚,防止阳光直射抹灰层。

(4)冲筋使用的砂浆应与抹灰使用的砂浆一致,冲筋砂浆凝结硬化达到5~6成后,应立即批嵌周围砂浆,避免冲筋砂浆凝结硬化后与周围砂浆形成缝隙。

(5)抹灰应分遍进行,每遍厚度一般宜在5~7mm,抹混合砂浆每遍厚度宜在7~9mm,第一遍表面起白后才能抹第二遍。

(6)解决抹灰表面龟裂缝的关键是面层最后一道压光,要等自然稍干后用木抹子把表面的砂子压入水泥浆中,表面吸水后用铁抹子轻轻压光即可。过一段时间再观察有无裂缝出现,若有再轻轻用铁抹子压光。面层的关键是不要过度洒水压光,这样会使面层中水泥浆压出来,俗话叫吊脚,影响面层与基层的粘结度,造成抹灰层起壳产生裂缝。

忌2 加气混凝土墙体开裂

[分析]

(1)加气混凝土墙体开裂的主要原因是:干缩变形,或因施工不当造成裂缝,常见的有抹灰层收缩开裂。当抹灰层过厚(达4~

5cm),砂浆标号过高时,墙体与抹灰层会有不同的变形应力,造成墙体开裂和抹灰空鼓。

(2)砌筑时砌块不正,待施工完后因上部压力使不正的砌块扶正后,会产生灰缝变形和饰面开裂的现象。

(3)施工时横灰缝不饱满,灰缝过分不匀;有的将缺棱掉角的砌块用砂浆、砖、碎砖填补,而造成饰面开裂。

(4)墙板拼装时板缝粘结不牢,造成墙面沿板缝裂开的缝宽0.2~0.5mm。多数墙面中间有1道,甚至多达3道竖缝的现象。

(5)墙和柱、梁、板间粘结不牢,造成接触部位1~3mm的竖向或水平裂缝。

(6)门框固定不当,墙体与门框间隙大或嵌缝砂浆过厚,造成沿门框竖向裂缝。

(7)施工时留“马牙槎”,造成抹灰开裂。

[措施]

(1)控制加气混凝土墙的含水率,水泥、砂、加气混凝土应小于15%。现场的砌块,应堆放在棚子内,以防止泡水,同时控制含水率在18%以下也是防止抹灰面层开裂的有效措施。砌筑砂浆宜选用收缩小且粘结强度高的混合砂浆,其配比以1∶0.2∶3.6较为适宜,不宜采用纯水泥砂浆或白灰砂浆。

(2)砌筑时应清扫砌块表面浮灰,并提前2~3h缓慢用水润湿。灰缝应饱满、密实,内外墙必须同时砌筑,接槎不应留“马牙槎”,只允许留踏步槎。砌块上下皮应相互错缝搭砌,搭接长度不宜小于砌块长度的30%,表面要平整。有纵横墙连接,应在转角或内外墙交接处设置2根ϕ6mm的拉筋,它们各自深入砌体内至少1m长。超过3m高的墙身,最好在砌体的门框上冒头浇筑圈梁。

(3)对于踢脚、厨房、厕所、浴室应改用砖砌体,采取防水措施。门窗固定部位不应使用破碎砌块。改砌黏土砖应固定木砖,或在钢筋混凝土边框改变集中受力性能。

忌3 干粘石底子灰未抹平，粘结层过厚

[分析]

干粘石是将彩色石粒直接粘在砂浆层上做饰面。由于干粘石底子灰未抹平，致使粘石面层不平，表面呈现出有坑有洼，在光线作用下，处于坑洼处的粘石反映颜色灰暗，反之，在面上的粘石显得明亮，形成粘石表面颜色深浅不一，影响观感；同时由于粘石底子灰抹的不平，呈现坑洼，粘结层砂浆过厚，再加上粘石面层和石渣对灰层有一个向下的重力作用，致使将灰层局部拉裂，干后在此部位有可能出现空鼓、裂缝等影响外观质量的现象。

[措施]

干粘石的底子灰一定要抹平，施工后应增加一次检查验收，实测项目平整度应达到面层验收标准要求。

粘结层的厚度取决于石子的大小，当石子为小八厘时，粘结层厚度为4mm；为中八厘时，粘结层厚度为6mm；为大八厘时，粘结层厚度为8mm。抹前用水湿润中层，湿润后还应检查干湿情况，对于干得快的部位，用排刷补水适度后方能开始抹粘结层。

抹粘结层分两道做成：第一道用同标号水泥素浆薄刮一层，因薄刮能保证底、面粘牢。第二道抹聚合物水泥砂浆5～6mm。然后用靠尺测试，严格执行高刮低添，以保证表面平整。粘结层不宜上下同一厚度，更不宜高于嵌条，通常下部约1/3范围内要比上面薄些。整个分块表面要比嵌条面薄1mm左右，撒上石子压实后，不但平整度可靠、条整齐，而且能避免下部出现鼓包皱皮现象。

忌4 粘石面浑浊不干净

[分析]

(1)粘石用的石渣没有经过加工处理，含有石粉或大颗粒，有时还有其他杂物。

(2)彩色石渣没有统一的配合比,或掺和不均匀。

(3)粘石成活后没有干,风雨天没有采取保护措施。

(4)粘石底子灰没有抹平,甩石与压抹用力不匀,使粘石面层不平,表面有坑洼,处于坑洼处的粘石因为光线作用颜色深,反之,在面上的粘石显得明亮,造成粘石表面颜色深浅不一,影响外观。

[措施]

(1)施工前将石渣全部过细筛(窗纱)将石粉筛出,同时将较大的颗粒挑出来,然后用水冲洗,将杂物清理干净,晒干备用。

(2)彩色石子要统一拌合均匀,装袋存放,用料应当一次备齐。

(3)粘石成活后未干,若天气突变应有一定的保护措施,防止大风或者雨水对面层的破坏。

(4)粘石底子灰应抹平整,不允许有坑洼。粘石时应轻扔石渣,不可以硬砸、硬甩,避免将灰层砸出坑。甩完石渣后,等灰浆内的水分洇到石渣表面后,用抹子轻轻地将石渣压入灰层,不可用力地抹压。若灰层不平,便会出现局部的返浆,形成色差。

忌 5 粘结层砂浆较厚且石粒粘结不牢固

[分析]

干粘石饰面做法的粘结层是使面层彩色石粒牢固地粘结在中层的砂浆,多用 1∶3(体积比)水泥砂浆抹完中层灰后,随即抹素水泥浆粘石粒;也有用水泥混合砂浆的,其厚度一般在 6～8mm。上述方法有两个缺点:一是石粒粘结不牢固;二是粘结层砂浆比较厚,石粒甩上拍实时容易出浆,影响装饰效果,但又不能减小粘结层砂浆的厚度,因为砂浆太薄时脱水太快,来不及操作。

[措施]

采用在粘石砂浆中掺入 108 胶的聚合水泥砂浆,可以缓凝,粘结力和保水性均好,可使粘结层厚度减至 4～5mm(如采用中八厘石粒，粘结层厚度为5～6mm)，基本上可解决甩石粒时的出浆问题，其砂浆的配合比(体积比)为水泥∶石灰膏∶砂子∶108胶＝1∶1∶2∶0.2。也可采用素水泥浆内掺占水泥质量30%的108胶配制而成的聚合物水泥浆，抹在中层灰上粘石粒，其厚度根据石粒的粒径选择，一般抹粘石砂浆应低于分格条1～2mm，粘石砂浆表面抹平后，即可粘石粒。干粘石施工时掌握粘结层水泥砂浆的干湿度很重要，水泥砂浆过干则石粒粘不上去，而过湿则水泥砂浆会流淌。

忌6　干粘石饰面出现空鼓

[分析]

干粘石饰面施工后，过一段时间轻轻敲击饰面层有空鼓声音，严重时出现粘石饰面脱落，影响饰面质量和安全。产生空鼓的原因是：

(1)基层没有清理干净，存有灰尘、泥浆等污物；钢模板施工的混凝土面太光滑或者残留的隔离剂没有清洗干净，或者混凝土基层表面本身有空鼓、裂缝、硬皮等没有予以处理；加气混凝土基层表面粉尘细灰清理的不干净，打底砂浆强度过高，容易将加气混凝土表面抓起而造成空鼓、裂缝。

(2)施工前基层不浇水或浇水不适当。浇水过多易造成面层流坠，浇水不足会使基层吸收面层水分，造成面层失水使强度降低，粘结不牢，产生空鼓；浇水不匀会产生干缩不均匀，形成面层收缩裂缝或局部空鼓。

(3)中层砂浆强度高于底层砂浆强度，在中层砂浆凝结硬化过程中产生较大的干缩应力，使底层砂浆产生裂缝或空鼓。

(4)冬季施工时抹灰层受冻。

[措施]

(1)清理干净砖墙基层面上的灰浆、沥青、泥浆等杂物，凹凸超过允许偏差的基层，须将凸处剔平，将凹处分层修补平整。

(2)对于带有隔离剂的混凝土制品基层，施工前宜用10%的火碱水溶液将隔离剂清洗干净。表面较光滑的混凝土基层应用聚合水泥稀泥[水泥∶砂∶108胶=1∶1∶(0.05~0.15)]匀刷一遍，并扫毛晾干。混凝土制品表面的空鼓硬皮应敲掉刷毛。基层表面上的粉尘、泥浆等杂物必须清理干净。

(3)清理干净加气混凝土基层面粘尘、细灰等，粘结层抹灰前均匀涂刷一道108胶水(108胶∶水=1∶4)，随刷胶水随抹灰。采用分层抹灰的办法使其粘结牢固。

(4)施工前根据基层的不同材质严格掌握好浇水量和均匀度。

(5)冬季施工时，应采取防冻保温措施。

忌7 干粘石棱角不通顺，表面不平整

[分析]

抹灰前对楼房大角或者通直线条缺乏整体的考虑，特别是墙面作干粘石抹灰时，没有从上到下统一垂直吊线就找平、找直、找方做灰饼冲筋，而是为了图方便，减少架子翻板次数，在每步架子上一次打底、抹粘石灰、撒石，这样就会造成棱角的不直、不顺，造成不交圈；其次是分格条两侧的水分吸收快，石粒粘不上去，也会造成棱角不齐。

[措施]

(1)建筑物立面施工时，要统一考虑外墙大角、通天柱、角柱等，事先统一吊垂直线；檐、阳台等要统一找平线，贴灰饼，打底。抹灰面层以此作为准线。

(2)大面积分格要统一找出平直线，分格条要平直、方正，使用前用水浸透；操作时先抹格子，中间部分面灰后抹格子，抹好后立即粘石，确保分格条两侧灰层未干时及时地粘好石渣，使石渣饱满均匀，粘结牢固，分格条清晰美观。

(3)阴角粘石施工与阳角一样，应当事先吊线找规矩。施工时用大杠找平、找直、找顺。阴角两面分先后施工，严防后抹面层时弄脏另一面；同时不要把阴角碰坏、划坏，保证阴角平直、清晰。

忌8 干粘石墙面面层滑坠

[分析]

(1)底灰抹得不平，凹凸偏差大于5mm以上时，灰层厚的地方易产生滑坠。

(2)面层含水量较大或拍打过分，产生返浆，或灰层收缩较大产生裂缝，形成滑坠。

(3)底层灰含水量过大，面层灰粘结不牢，造成滑坠。

[措施]

(1)严格控制底层砂浆平整度，凹凸偏差应小于5mm。

(2)底灰一定要抹平，增加一次检查验收，实测项目的平整度应达到面层标准要求。

(3)根据施工季节、温度和材质，严格控制基层的浇水量。如砖墙面吸水多，混凝土墙面吸水少，加气混凝土墙面不易浇透水等，按不同材质控制墙面浇水量，使墙面湿度均匀。

(4)潮湿季节施工时，粘石前的底灰如含水较多，可用干灰吸干水分，稍加晾干，抹面层灰应立即粘石。

(5)灰层在终凝前应加强检查，如有收缩裂纹，可用刷子洒少许水，再用抹子轻轻按平、按实、粘牢。

(6)抹面层灰时必须两遍成活，先薄薄地刮一层，稍晾干，然后抹面层灰立即粘石，这样可避免面层空鼓、滑坠。

忌9 拍打石粒时拍打力度掌握不好

[分析]

干粘石墙面抹灰施工过程中，拍打石粒时，禁止拍打过分，用力过大会把灰浆拍出来，造成翻浆糊面或灰层收缩，形成裂缝而滑坠，影响美观；用力过小，石渣与砂浆粘结不牢，容易掉粒。

[措施]

(1)人工撒石渣应三人同时连续操作,一人抹粘结层,另一人紧跟在后面甩石渣,第三人用铁抹子将石渣拍入粘结层。

(2)当粘结层上均匀地粘上一层石渣后,开始拍压。即用抹子或橡胶(塑料)滚子轻压赶平。使石渣嵌牢,并使石渣嵌入砂浆粘结层内深度不小于 1/2 粒径,同时将突出部分及下坠部分轻轻赶平。使表面平整坚实,石渣大面朝外。并且不要反复拍打,滚压,以防泛水出浆或形成阴印。整个操作时间应不超过 45min,即初凝前完成全部操作。要求表面平整,色泽均匀,线条清晰。

(3)对于阴角处干粘石操作应从角的两侧同时进行,否则当一侧的石渣粘上后,在边角口的砂浆收水,另一侧的石渣就不易粘上去,从而形成黑边。阴角处做法与大面积施工方法相同,但要保证粘结层砂浆刮直、刮平,石渣甩上去要压平,以免两面相对时出现阴角不直或相互污染现象。

(4)灰层终凝前应加强检查,发现收缩裂缝可用刷子蘸点水再用抹子轻轻按平、压实、粘牢。

忌 10 木拍上的石子不均匀,斜向甩石

[分析]

干粘石墙面抹灰施工过程中甩石子时,木拍上的石子要均匀,必须垂直于墙面方向甩粘在抹好灰浆的墙面上,禁止斜向甩石,以免引起甩石不均匀。

[措施]

粘结层抹好后,稍停即可往粘结层上甩石粒。此时粘结层砂浆的干湿度很重要。过干,石渣粘不上,过湿,砂浆会流淌。一般以手按上去有窝,但没水迹为好。甩石渣时,一手拿木拍(如图 4-1 所示),一手拿 40cm×35cm×6cm 底部钉有 16 目筛网的木框,即盛料盘(如图 4-2 所示),内盛洗净晾干的石粒(干粘石一般多采用小八厘石渣,过 4mm 筛子,去掉粉末杂质)。

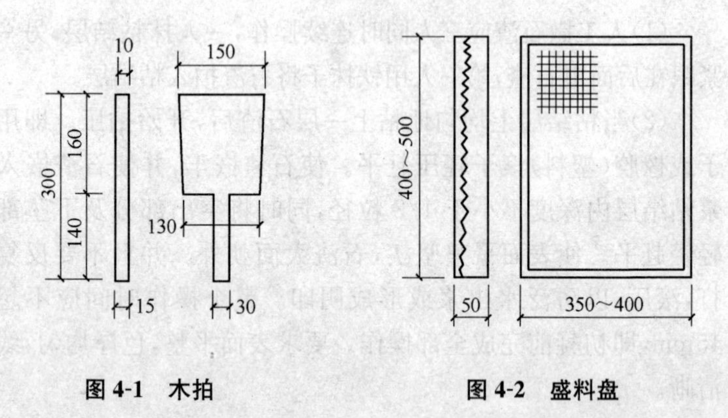

图 4-1 木拍　　　　图 4-2 盛料盘

甩石渣时，用木拍铲料盘中的石渣，反手甩到墙。甩进动作要快，注意甩撒均匀，用力轻重适宜。边角处应先甩，使石渣均匀地嵌入粘结层砂浆中。如发现石渣甩的不均匀或过稀，可用抹子直接补粘，否则会出现死坑或裂缝。下边部分因水分大，应最后再甩。

忌 11 阳角和分格条两侧有黑边

[分析]

干粘石墙面抹灰时，阳角和分格条两侧没粘上石渣，起条或者起尺后灰层外露，干后形成黑条，与粘石形成明显的分界线。

[措施]

(1)粘石前应当将打底灰充分湿润。

(2)由于木制分格条吸水性强，因此抹粘石灰时，应先抹大面再抹分格条两侧，防止分格条两侧灰层干燥过快。

(3)做阳角粘石时，应采用八字靠尺操作，粘石后及时起尺，并用米粒石重新补粘后压入灰层，使阳角处也有粘石的石粒，不会留出空白的灰条——黑边。

(4)分格条处若局部石渣粘得稀疏不密实，也可按上述方法补粘米粒石。

忌 12 干粘石墙面接槎明显

[分析]

(1)大面积粘石或分块较大时,粘石施工不能一次粘完,而分两次操作,致使中间接槎部位有明显的粘石灰分界线。

(2)接槎时新灰粘在原石渣上,或将原石粒碰掉,造成接槎明显。

(3)操作人员技术不熟练或石粒较大,造成操作衔接不良或摔粒。

[措施]

(1)施工前应熟悉图纸,预先制定好施工方案,组织好工序搭接,避免接槎。

(2)主体施工搭设脚手架时应考虑粘石的分格缝,避免接槎不在分格缝中。

(3)大面积粘石或分块较大时,应安排两人上下同时操作,使整块粘石一次完成,中间不甩槎。

忌 13 斩假石面层石渣浆使用的水泥过期、配合比不准

[分析]

斩假石又称剁斧石,是在石粒砂浆面层上用斩斧等专用工具斩斫成有规律的剁纹的装饰抹灰方法。

在配置斩假石面层石渣浆时,如果使用的水泥过期或达不到使用强度等级、配合比不准确及配合时加水量过大,均会造成斩假石面层石渣浆强度过低,经剁斧后表面坑洼不平或掉渣,或面层开裂,影响观感和使用功能。

[措施]

(1)水泥进场时必须要有出厂合格证或复试报告,并应对其品种、强度等级、出厂日期等检查验收。使用前,必须按规定批量取样送检测单位进行检测,对其强度、凝结时间和安定性进行检测,合格后方可使用。贮存时间超过 3 个月时应重新取样送检,

其强度等级应不低于32.5级。

(2)面层用1∶1.25水泥4号石渣(内掺30%石屑)浆,稠度为50～60mm,厚度为10mm。

忌14 斩假石出现空鼓、裂缝

[分析]

(1)冬季施工砂浆受冻,在春天化冻后,产生面层与底层或者基层粘结不好而空鼓,严重时有粉化的现象。

(2)基层地面与台基层回填土未夯实,容易造成混凝土垫层与基层空鼓和沉陷裂缝。

(3)基层材料不同、基础地面与台阶做法不同时,未采取相应的防护措施,产生不均匀的沉降与裂缝。

(4)若基层处理不当,马上进行每层抹灰又没有洒水养护,则各层之间粘结强度很差,面层与基层容易产生空鼓和裂缝。

(5)基层清理不干净,容易出现基层与面层空鼓、裂缝。

[措施]

(1)施工前应将基层表面的粉尘、泥浆等杂物清理干净。较光滑的基层表面应当涂刷聚合物水泥砂浆或乳胶水拌合的素水泥浆。然后用扫帚扫毛,使表面粗糙,晾干后抹底灰,较厚的地方要分层抹平,并将表面划毛。

(2)基层地面与台基层回填土要分层、分步夯打密实,台阶混凝土垫层的厚度不小于8mm。

(3)基层材料不同时应当加钢丝网。不同做法的基础地面与台阶应当留置沉降缝或者分格条。

(4)底层、面层的总厚度应当超过4cm,在底层应用ϕ4mm或者ϕ6mm的钢筋网,其间距为200mm,预防产生裂缝。

(5)根据季节、气温和基层的干湿度,控制浇水量和均匀度,抹石后加强养护。掌握好剁石的时间,不宜过早。在炎热的夏天施工时,应采取防止曝晒的措施;冬季温度如在0℃以下,应停止施工。如必须施工，则应在拌合的石渣浆内掺入抗冻早强剂，并加强保温养护，以防止灰层受冻。

(6)底层在抹石渣浆面层前应清理干净，并浇水湿润。底层砂浆层必须平整、密实，施工后应经过检查验收，平整度要求应达到面层质量验收标准，如偏差较大，则应分层补平后再抹面层，防止面层厚薄不一、收缩不均从而产生裂缝。

忌 15 剁斧选用不当，用力不均匀

[分析]

如果剁斧选用不当，斧刃不锋利或用力不均匀，会造成剁石后检查表面不平，面层细看有小坑，用力清扫或手触掉石渣，影响整体美观及使用效果。

[措施]

(1)应严格掌握试剁时间，试剁以石渣不脱落为准，不能剁得太早，剁石前将面层洒水润湿，避免石渣爆裂。

(2)大面积施工前，应先做样板。

(3)剁斧要常磨，用以保证斧刃锋利，斩剁时动作要迅速，先轻剁一遍，再沿着前一遍的斧纹剁深痕。用力要均匀，移动速度应一致。剁纹深浅一致，纹路清晰均匀，不能漏剁。

(4)饰面不同的部位应当采用相应的剁斧和斩法，边缘部分应当用斧轻剁，剁花饰周围应用细斧，而且斧纹应当随花纹的走势变化，纹路相应的平行、均匀一致。

忌 16 斩假石剁纹不均匀，纹理乱

[分析]

由于操作无统一交底和要求，并未先剁出示范样板，致使施工方法不一致，各种剁斧用法不当，选用不合理，开剁时间掌握不恰当；剁斧不锋利，用力轻重不均等，易造成斩假石面质量粗糙，目测剁纹零乱不规矩，颜色不一。

[措施]

(1)斩假石施工前,应按图纸要求先剁出样板,经监理(建设方)检查认可,并由技术人员向操作者示范交底后,严格按样板斩剁,斩剁时应设专人负责,勤检查,不合格者返工重剁。

(2)斩剁前应相距 10mm 弹一斩剁线,沿线斩剁,以免斩剁无法控制,剁纹跑斜。

(3)面层抹完经过养护后,一般在 15℃～30℃时养护 2～3d;5℃～15℃时养护 4～5d 即可试剁,以不掉石粒、容易剁痕、声响清脆为准。剁石前将面层润湿,以免石渣爆裂。

(4)剁斧应保持锋利,斩剁动作要迅速,先轻剁一遍,再盖着前一遍的斧纹剁深痕。剁时用力要均匀,移动速度要一致,剁纹深浅一致,纹路清晰均匀,不得漏剁。剁石时要把稳剁斧,斧口平直,垂直于大面,顺着一个方向剁,且用力要一致,一般以将石渣剁掉 1/4～1/3 为宜。

(5)为了保证墙角完整无缺,使斩假石有真石感,可在墙角、柱子等边棱处,横剁出边条或留出 15～20mm 的边条不剁,如图 4-3 所示。

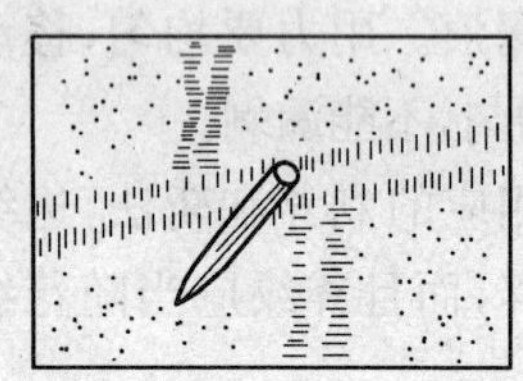
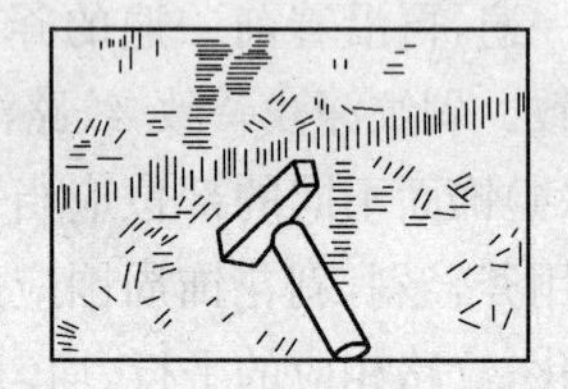

图 4-3 斩假石的石纹做法

忌 17 斩假石施工前基层不清理，浇水不透，粉石后不养护

［分析］

基层表面清理不干净或过于光滑，处理办法欠佳，浇水不透、不均匀，会影响底灰与基层的粘结；底灰表面未划毛或被污染或未抹胶浆结合层，易造成面层与底层粘结不牢，严重时会在斩剁中出现脱落；抹底灰或面层时浇水过多、不足或不均匀，以及底灰不平、过厚、过薄时，会产生干缩不一或部分脱水快干，形成空鼓；粉石后没浇水养护，会直接影响面层石渣浆强度，振动后形成空鼓。

［措施］

(1)施工前应将基层表面粉尘、泥浆、油污等杂物清理干净，对过于光滑的基层应用聚合物水泥砂浆或用 108 胶水拌合的水泥素浆涂刷，随后再用扫帚扫毛，使表面粗糙，晾干后抹底灰。底灰较厚的部位要分层抹平，并将表面划毛。

(2)根据季节、气温，基层材质及干湿程度，掌握好浇水量和均匀度，并注意粉面层后的养护，以增强粘结力。

(3)抹中层灰及面层灰时均应先抹一道 1mm 厚素水泥浆［质量比为水泥：108 胶＝1：(0.3～0.5)］作为结合层，以加强与底灰及中层灰的粘结强度。

忌 18 假面砖施工前材料准备不齐、配合比有偏差

［分析］

假面砖是通过手工操作达到模拟面砖的装饰抹灰。假面砖抹灰使用的材料有普通水泥、中砂及彩色砂浆，如果材料准备不齐全，砂浆配合比不符合要求，将直接影响工程进度，如果使用不合格的砂浆，容易造成面层开裂，影响观感与使用。

［措施］

(1)使用强度为 32.5 级以上的普通水泥。

(2)使用中砂，过筛，含泥量不得超过 3%。

(3)彩色砂浆的参考配合比,如表4-1所示。

表4-1　假面砖彩色砂浆配合比(体积比)

颜色	普通水泥	白水泥	石灰膏	颜料(按水泥用量%)	细砂
土黄色	5	—	1	氧化铁红0.2~0.3,氧化铁黄0.1~0.2	9
咖啡色	5	—	1	氧化铁红0.5	9
淡黄色	—	5	—	铬黄0.9	9
浅桃色	—	—	—	甲苯胺红0.4,铬黄0.5	白色细砂9
浅绿色	—	5	—	氧化铬绿2	白色细砂9
灰绿色	5	—	1	氧化铬绿2	白色细砂9
白色	—	—	—	—	白色细砂9

忌19　未掌握假面砖的施工操作要点

[分析]

假面砖装饰抹灰的施工操作工序是:基层处理→抹底层、中层砂浆→弹线→抹面层浆→表面划纹。只有掌握施工操作要点,才能保证施工正常进行,施工质量达到预期的要求。

[措施]

(1)基层处理和抹底层、中层砂浆。假面砖的基层处理和抹底层、中层砂浆与水刷石相同。

(2)弹线。中层砂浆检查验收后,弹水平线(可按每步架为一个水平工作段,上、中、下弹三条水平通线),以便控制面层划沟平直度。

(3)抹面层浆。弹水平线后,接着抹面层浆,厚3~4mm。

(4)表面划纹。面层稍收水后,先用铁梳子沿靠尺板由上向下划纹,深度不超过1mm,再根据面砖的尺寸用铁皮刨子沿靠尺板横向划沟,沟深3~4mm,深度以露出中层为准。划沟要水平成线,沟的深浅及间距要一致。竖向划纹也要垂直成线,水平灰缝要平直,使人感觉是面砖而不是抹灰。拉假面砖除了用铁梳子外,还可用铁辊,操作方法及要求与用铁梳子基本相似。

5 砂浆类装饰抹灰

宜

砂浆类装饰抹灰主要有拉毛灰、甩毛灰、搓毛灰、扫毛灰、拉条灰、装饰线条抹灰、仿假石、拉假石以及外墙喷涂、弹涂、滚涂。其基本要求：

(1)底层抹灰分室内和室外两种，室内底层抹灰一般采用1∶1∶6水泥石灰砂浆；室外底层抹灰一般采用1∶3水泥砂浆。砂浆稠度为8～11cm。

(2)面层灰的配合比依据毛头大小而定，细毛头用1∶(0.25～0.3)水泥石灰浆；中毛头用1∶(0.1～0.2)水泥石灰浆；粗毛头用1∶0.05水泥石灰浆。

(3)装饰线条抹灰应待墙面、顶棚的中层砂浆抹完后进行，较复杂的线条应待墙面、顶棚的中层砂浆抹完后、顶棚抹灰前进行。

(4)喷涂时，颜色均匀一致，如有流淌，宜用木抹子抹平，喷涂时喷嘴垂直于墙面，距离一般为30～50cm、气压0.4～0.6MPa。

(5)弹涂时，用1∶(2.5～3)水泥砂浆打底，厚度为8～10mm。

(6)滚涂时，最后一遍辊子运行必须自上而下，使滚出的花纹有一自然向下的流水坡度，达到色彩花纹均匀一致。

忌

忌1 拉毛灰施工时，未按分格缝或工作段成活，任意停顿

[分析]

拉毛灰是在水泥砂浆或水泥混合砂浆中层上利用拉毛工具

将水泥混合砂浆、纸筋石灰或水泥石灰等砂浆拉起波纹和斑点的毛头，做成装饰面层。拉毛能改善建筑的热工、声学、光学等物理性能，适用于有音响要求的墙面，如礼堂、影剧院等。

未按分格缝或者工作段成活，任意地甩槎，接槎时，由于拉毛抹灰其饰面坑洼不平，在槎子部位拉毛时容易造成重叠，灰层重叠处颜色变深，反之则浅，所以不仅会出现明显的接槎色带，而且花纹也不匀称，影响观感。

[措施]

(1)严格按分格缝或者工作段操作，块大时，可以搭架子，采用多人同时连续操作，不得任意停顿、甩槎，必要时应当将槎子甩在分格条处或者小落管后边等不显眼的地方。

(2)接槎部位拉毛灰不可以重叠施工。接槎后若发现颜色深浅不一、花纹不匀，应当及时返修，铲除不均匀部分，再粘、洒一层罩面灰浆重拉毛。

忌 2　拉毛灰出现空鼓

[分析]

(1)基层处理不好，清扫不干净，墙面洒水不透或不匀，降低底层砂浆与基层的粘结强度。

(2)底层未浇水湿润就刮抹素水泥浆粘结层；刮抹素水泥浆后没有紧跟刮抹拉毛灰罩面或刮抹不匀、漏抹，影响粘结效果。

[措施]

(1)抹灰前应将基层清扫干净，施工前一天应洒水湿透，并修补严整，刷一道 1∶4 的 108 胶水溶液，再用 1∶3 水泥砂浆抹平。

(2)待底层灰有六七成干时再薄刮一道素水泥浆，然后抹面层拉毛灰，随刮随抹，不能间隔，否则素水泥浆凝固不能起到粘结作用，反而造成空鼓。

忌 3　拉毛灰施工时，拉出的毛长度不均，稀疏不匀

[分析]

砂浆稠度变化大，罩面灰浆厚度不均，粘洒罩面灰浆的手劲不一。基层的吸水不同，局部失水过快，拉浆后出现浆少砂多的现象，颜色比其他部分深。

[措施]

拉毛所用的工具应符合要求，工具不可以随意更换。砂浆稠度应当控制均匀，粘洒罩面灰浆应当不流淌。基层应当平整，使灰浆厚薄一致，拉毛用力要平衡均匀，快慢一致，保证拉出的毛长度、花纹一致，颜色均匀。基层洒水湿润，要均匀地浇透。若拉毛后发现花纹不匀，应当铲除不均匀的部分，再粘、洒一层罩面灰，重新进行拉毛。

(1)细毛头。两人同时操作，在湿润的基层上一人抹罩面砂浆，一人紧跟着拉毛，拉毛时宜用白麻缠绕的刷子对着墙面灰浆一点一拉，靠灰浆的塑性吸力顺势轻慢地拉出一个个毛头。个别毛头大小不均匀时，应随时补拉一次直至均匀。

(2)拉中毛头。一般用硬棕毛刷子，对着墙面垂直粘着后顺势拉出毛头。

(3)拉粗毛头。一般用光滑平整的铁抹子，轻按墙面灰浆上，待铁抹子被黏附有吸力感觉时，顺势慢慢拉起铁抹子即可拉出毛头。拉毛头时应注意轻触慢拉、用力均匀、快慢一致。切忌用力过猛、提拉过快，致使露出底灰，一个平面应一气呵成，避免间断接槎。发现毛头不匀应及时抹平补拉。

(4)条筋拉毛。用硬毛棕刷拉出细毛面，再用特制的刷子蘸1∶1水泥石灰浆刷出条筋，条筋比拉毛面高出2～3mm，稍干后用铁抹子压一下。制条筋前应先在墙面上弹出垂直线，线与线之间的距离以40cm为宜，作为刷筋的依据，条筋的宽度为20mm，间距为30mm，刷条筋宽窄不要太一致，应自然带点毛边，条筋之间的拉毛应保持整洁、清晰。

忌4　拉毛灰施工时，拉出的毛颜色不均匀

[分析]

(1)所用水泥不是同品种、同批量，砂浆用水量和颜料不准、不均匀。

(2)操作不当,拉毛移动速度快慢不一致;有的云朵杂乱无章,云朵和垫层颜色不协调;有的干搓毛致使颜色不一致。

(3)没有按照分格缝成活,随意地留槎,造成露底色泽不一致。

(4)基层干湿程度不一致,拉毛罩面灰浆失水过快,造成饰面的颜色不一致。

[措施]

(1)应当采用同品种、同等级、同批量的水泥。颜料的掺量应当准确,并且应选用耐碱的矿物性颜料。

(2)操作人员的技术应熟练,做到动作快慢一致、有规律性。

(3)应按工作段或分格缝成活,不得中途停顿而造成不必要的接槎。

(4)基层的干湿程度应一致,避免拉毛后干的部分吸收的水分或色浆多,湿的部分吸收的水分或色浆少。基层表面应平整,避免凹陷部分附着的色浆多、颜色深,凸出部分附着的色浆少、颜色浅。基层表面的粗糙程度应一致,防止在光滑部分色浆粘不住,粗糙部分色浆粘得多,造成饰面颜色不一致。

忌 5 甩毛灰颜色不匀

[分析]

(1)操作人员技术不熟练,操作不当,有时甩毛云朵杂乱无章,云朵和垫层的颜色不协调。

(2)基层干湿程度不同且不平整。甩毛后干的部分吸收水分或色浆多,湿的部分吸收水分或色浆少;基层凹陷的部分附着的色浆多,凸出部分附着的色浆少;或光滑部分色浆粘不住,粗糙部分色浆粘得多,这样色浆多的部分颜色就深,反之颜色浅。

(3)未按分格缝成活,中断留槎,造成露底,色泽不一致。

[措施]

(1)对操作人员应进行培训,施工前先做样板,严格按样板操作，做到甩洒时快慢均匀，云朵必须大小相称，纵横相间，既不能杂乱无章，也不能像排队一样整齐。

(2)基层应平整且干湿程度要一致，以避免凹凸部分颜色不匀。

(3)按分格缝成活，中途不得停顿，避免造成不必要的接槎。

忌6　搓毛灰颜色不均，花纹不匀

[分析]

(1)由于搓毛灰施工时，墙面过干，未采取边洒水边搓毛而是采取干搓毛的方法，致使搓毛后颜色不一致。

(2)罩面砂浆厚薄不均，砂浆稀稠不稳定，造成搓纹粗细不相称，花纹不匀。

(3)基层浇水不透、不匀，局部失水过快，罩面后出现浆少砂多现象，搓后颜色不均，花纹不匀。

(4)未按分格缝成活，任意甩槎接槎，均会造成颜色不一致、透底、花纹不匀等观象，影响观感质量。

[措施]

(1)基层凹凸不平处应事先处理，以控制砂浆层厚度均匀，拌合砂浆应严格配合比，保持稠度一致。

(2)基层应洒水湿润，浇水应浇透、浇匀。

(3)墙面过干时，应边洒水边搓毛，不允许干搓，并掌握好搓毛时间。用木抹子搓时，抹纹要一致、顺直，搓至见砂粒为宜，搓时由上往下进行。

(4)面层搓毛前先弹好分格线，嵌分格条，按分格缝成活，施工缝与分格缝一致。

忌7　拉条灰出现空鼓、裂纹

[分析]

(1)基层处理不好，清扫不干净，洒水不透不匀，底层砂浆与基层粘结不牢。

(2)拉条一次抹灰太厚或各层抹灰跟得太紧。

(3)夏季施工砂浆失水过快,或抹灰后没有适当洒水养护。

[措施]

(1)基层清理干净,凸出部分修平,先刷一道108胶的素水泥浆,再用1∶3水泥砂浆修补,施工前一天洒水洒透浇匀,然后抹底子灰。

(2)将线模两端靠在木轨道上,上下搓压,不断加进灰浆,压实搓平。

(3)施工砂浆如失水过快需洒水润湿,以线模能拉动为宜。

忌8　拉条灰不直、不顺、不清晰

[分析]

(1)墙面施工时,一步架一找吊,从上到下没有统一吊垂线、找平线、找直找方。

(2)上下步架用不同线模分头拉抹出现接槎。

[措施]

(1)对整个立面全面考虑,统一吊垂线、弹墨线,然后粘贴轨道,作为拉抹面层时的基准。

(2)拉毛抹灰要一次完成,较高的墙面可两人或三人一组,分工负责各步架范围拉抹,上下传递,使用同一线抹连续抹成,中途不得停抹,不得调换。

忌9　喷涂抹灰面层颜色不均匀

[分析]

外墙喷涂抹灰是用挤压式砂浆泵或喷斗将聚合物砂浆喷涂在墙面基层上或底灰上形成饰面层。浅色面层用白水泥加颜料配制,如条件不允许也可用普通硅酸盐水泥加石灰膏配制。喷涂饰面有波面喷涂和粒状喷涂两类。波面喷涂表面灰浆饱满,波纹起伏;粒状喷涂表面不出浆,满布细碎颗粒。造成喷涂抹灰面层颜色不均匀的原因如下:

(1)不同厂家生产,不同批号、等级、品种的水泥对饰面颜色有影响;当水泥掺颜料时,因为颜料掺量不准确或者混合不均匀,也会影响饰面颜色均匀。

(2)配比掌握不准,加料不均,喷涂手法、厚度不一。

[措施]

(1)喷涂抹灰对材料的要求:

①水泥。宜采用强度不低于 42.5 级的普通水泥、白水泥或彩色水泥等。所用水泥应为同一厂家生产、同一标号、同一批号、同一颜色,且应一次购齐所需数量。

②颜料。宜选用耐碱、耐光的矿物质颜料,并与水泥干拌均匀过筛后装袋备用。

③细骨料。宜使用浅色中砂,含泥量不大于 3%,最好使用浅色石屑,材料一次备齐,过 3mm 筛孔筛。

④108 胶。含固量 10%~20%,pH 值 7~8,密度 1.05g/cm³;稀释 20 倍水的六偏磷酸钠溶液。

⑤甲基硅醇钠。含固量 30%,pH 值 13,密度 1.23g/cm³。

⑥石灰膏。使用优质石灰膏,最好是淋灰池尾部的优质石灰膏。

⑦喷涂用聚合物水泥砂浆。其参考配合比,如表 5-1 所示。

表 5-1 喷涂用聚合物水泥砂浆参考配合比(质量比)

饰面做法		水泥	颜料	细骨料	甲基硅醇钠	木质素磺酸钙	聚乙烯醇缩甲醛(108 胶)	石灰膏	砂浆稠度(cm)
白水泥砂浆	波面	100	试配	200	4~6	0.3	10~15		13~14
	粒状	100		200	4~6	0.3	10		10~11
混合砂浆	波面	100	试配	400	4~6	0.3	20	100	13~14
	粒状	100		400	4~6	0.3	20	100	10~11

(2)喷涂抹灰配置砂浆的要求:将石灰膏用少量水搅开,与水泥和 108 胶搅拌均匀,再加细骨料拌约 1min,最后加入稀释 20 倍水的六偏磷酸钠溶液和适量的水,或将相当水泥质量 0.25%的木质素磺酸钙溶于水中加入,搅拌至颜料均匀且有一定的稠度,其

中波面喷涂要求在13～14cm，粒状喷涂要求在10～11cm。一次搅拌的砂浆不要过多，最好2h内用完。

(3)喷涂抹灰施工要求：波面喷涂一般三遍成活，喷出头遍时，基层变色即可，第二遍喷至出浆不流为宜，第三遍喷至全部出浆，表面均匀成波状，不挂流，颜色一致。粒状喷涂，采用喷斗进行喷浆，也是三遍成活，头遍时满喷盖底，收水后开足气门喷布碎点，并快速移动喷斗，勿使出浆；第二遍和第三遍间应有适当间隔，以表面布满细碎颗粒、颜色均匀不出浆为准。花点喷涂是在波面喷涂层上再喷花点，根据设计要求，先在纤维板或胶合板上喷涂样板，施工时对照样板调整花点，以保持整个墙面花点均匀一致；操作时必须做到“直视、直喷”，这样才能保证花点质量。炎热干燥季节，喷涂施工前墙面须洒水湿润。

忌10　喷涂时出现析白现象

[分析]

(1)掺入108胶引起缓凝作用析出的氢氧化钙会引起颜色不均匀，甚至出现严重析白现象。

(2)施工短时间淋水、室内向外渗水或冬季施工都会出现饰面析白现象。

[措施]

(1)施工时严格按配合比要求掺入108胶用量。

(2)常温下施工时，应在砂浆中掺入木质素磺酸钙或木质磺酸钠；在冬季施工时，应掺入分散剂六偏磷酸钠或木质素磺酸钙、抗冻剂氯化钙；雨天或估计可能下雨时不得施工。

忌11　喷涂、滚涂、弹涂时底灰抹不平

[分析]

由于喷、滚、弹涂面层比较薄，在喷、滚、弹涂施工后，面层表面坑洼不平，厚薄不均，在厚薄不均处容易产生裂缝，直接影响面层的美观和缩短使用年限。

[措施]

(1)抹灰时应当从严要求,先用铁抹子溜光后,再用木抹子搓毛,做到既平、又无坑洼,且利于与面层粘结。

(2)面层施工前首先应当对底灰层进行质量检查验收,发现有坑洼不平、空裂等情况应当提前处理;面层施工前一天,应对底灰用水洇湿均匀,保证底灰与面层有足够的粘结力和强度。

忌 12 喷涂花纹不均匀,局部出浆,接槎明显

[分析]

(1)砂浆稠度有变化。喷嘴口径、空气压缩机压力变化、喷涂距离和角度不同都会造成花纹不一致。

(2)基层局部特别潮湿,局部喷涂时间过长、喷涂量过大,未及时向喷斗加砂浆,喷斗底部少量稀浆喷至墙面造成局部出浆、流淌。

(3)砂浆底灰有明显接槎,脚手架离墙太近的部位斜喷、重复喷,波面喷涂未在分格缝外接槎,或虽然在分格缝接槎但未遮挡,成活部位溅上浮砂造成明显接槎。

[措施]

(1)喷涂时所用砂浆稠度应保持一致,随时用砂浆稠度仪测定稠度,使用空气压缩机的压力和喷嘴型号不要改变,控制喷嘴到墙面的距离和喷涂角度。喷涂时,喷枪应垂直于墙面,粒状喷涂距离墙面 30~50cm。

(2)基层应干湿一致。如底层灰有明显接槎,喷涂第一遍应用木抹子顺平。采用固定脚手架时与墙净距离不得少于 30cm。做粒状喷涂时,应及时向喷斗内加砂浆防止放空枪,如发生局部片状出浆现象,可待其收水后再喷一层砂浆点盖住。控制好喷嘴的移动速度。

(3)波面喷涂应连续操作,保持工作面软接槎,不至分格缝处不得停歇,以免产生浮砂。

忌 13 喷涂面层没按要求弹线分格

[分析]

喷涂面层前,底层抹灰如不按照要求分格,直接在底层上抹水泥砂浆，由于水泥砂浆的干燥收缩性不同，易形成空鼓和开裂造成面层拉裂。

[措施]

在砂浆面层按要求弹线分格，在分格缝的位置用 108 胶溶液粘贴胶布分格条。分格缝的具体做法为喷涂后在分格缝的位置上压紧靠尺，用铁皮刮子沿靠尺刮去喷上去的砂浆，露出基层，分格缝一般宽为 20mm 左右。

若分格块过大时，应当安排多人上下同时完成一个分格块内的饰面层，中间不甩槎，若必须留槎时，应当尽量甩槎到分格缝部位或者水落管后等不显眼处。

忌 14 滚涂面层颜色不均匀

[分析]

滚涂抹灰是将聚合物水泥砂浆抹在墙体表面上，用辊子滚出花纹，再喷罩甲基硅醇钠疏水剂形成饰面层，其特点是节省材料，造价低，工效高，不易污染墙面和门窗，对于局部装饰尤为适用，一般用于外墙装饰。

滚涂时可使用各种材料制成的辊子，如油印橡胶辊子、多孔聚氨酯辊子、泡沫塑料辊子，其规格尺寸以直径 4～5cm，长度 18～24cm 为宜，如图 5-1 所示。

滚涂时引起颜色不均匀的原因如下：

(1)用湿滚法时辊子蘸水量不一致。

(2)原材料的颜色、粒径、细度、掺量的准确性都会使饰面颜色不匀。

(3)基层材质不同、混凝土或砂浆粒径不同或干湿程度悬殊，使饰面颜色深浅不一。

(4)施工时湿度、温度、阳光均会使饰面颜色不匀，冬季施工以及施工后短时间淋水或室内向外渗水会产生饰面析白现象。

[措施]

(1)用湿滚法时辊子蘸水量应一致。

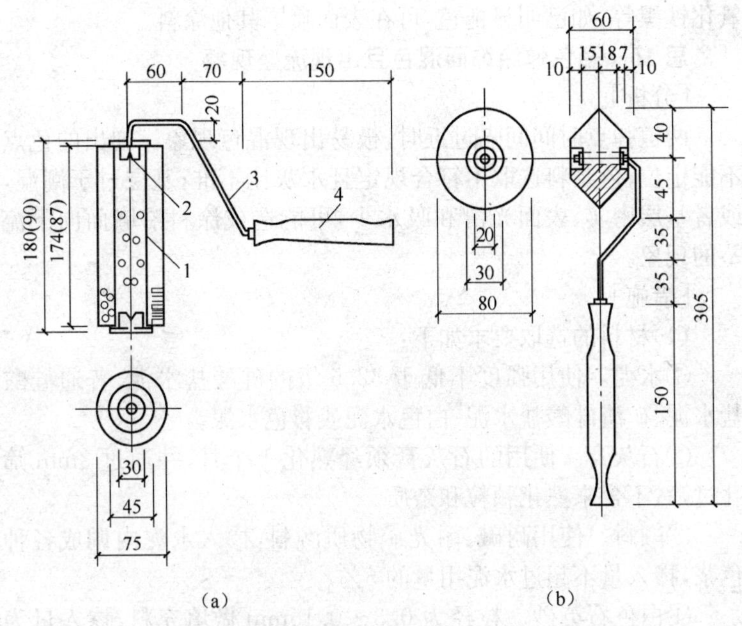

图 5-1 辊子

(a)滚涂墙面用辊子 (b)滚涂阴角用辊子

1. 硬薄塑料 2. 串钉和铁垫 3. $\phi 8$ 镀锌管或钢筋棍 4. 手柄

(2)严格控制原材料的来源、砂浆稠度与配合比，拌好后必须在 2h 内用完。

(3)基层材质应一致，墙面凹凸不平、缺棱掉角处在滚涂前应填平补齐。

(4)雨天不得施工，冬季施工时应掺入分散剂和抗冻剂氯化钙；常温下施工时，应在砂浆中掺入木质素磺酸钙和甲基硅醇钠。

忌 15 滚涂饰面明显褪色

[分析]

颜料选择不当，如使用了地板黄砂绿、颤料绿等不耐碱、不耐光的颜料。

[措施]

用耐光、耐碱的矿物颜料，如氧化铁黄、氧化铁红、氧化铬绿、氧化铁黑等，如已明显褪色，可在表面喷罩其他涂料。

忌 16 彩色弹涂饰面混色且出现流坠现象

［分析］

两道弹点时间间隔过近时，极易出现混色现象。弹出的色点不能定位；色浆料选取不符合规定且水灰比不准；基层过于潮湿，或者基层密实、表面光滑和吸水少，可能造成涂料沿墙面向下流坠的现象。

［措施］

(1)材料的选取要求如下：

①水泥。使用强度不低于 32.5 级的硅酸盐水泥、普通硅酸盐水泥、矿渣硅酸盐水泥、白色水泥或彩色水泥。

②石灰膏。使用的石灰膏须经熟化 1 个月，并通过 3mm 筛孔过筛，不含未熟化颗粒和杂质。

③颜料。使用耐碱、耐光矿物质颜料，掺入水泥内调成各种色浆，掺入量不超过水泥用量的 5%。

④白色石英砂。粒径为 0.3～0.15mm 做填充料，掺入量为水泥用量的 15%～20%，有条件可用彩色石英砂。

⑤酒精。使用 95%以上的工业酒精。

⑥聚乙烯醇缩丁醛。用酒精稀释后可用于罩面。

⑦108 胶。固体质量分数为 10%～12%，pH 值为 6～7。

⑧弹涂用聚合物水泥砂浆。其参考配合比，如表 5-2 所示。弹涂用聚合物水泥砂浆罩面溶液参考配合比，如表 5-3 所示。

表 5-2 弹涂用聚合物水泥砂浆参考配合比(质量比)

名称		白水泥	普通水泥	颜料	聚乙烯醇缩甲醛(108 胶)	水
白水泥	刷底色水泥浆	100	—	试配	13	80
	弹花点	100	—		10	45
普通水泥	刷底色水泥浆	—	100	试配	20	90
	弹花点	—	100		10	55

表 5-3 弹涂用聚合物水泥砂浆罩面溶液参考配合比(质量比)

罩面溶液	聚乙烯醇缩丁醛	甲基硅树脂	乙醇(工业用酒精)		
			冬季	夏季	作用
聚乙烯醇缩丁醛溶液	1	—	15	17	溶液
甲基硅树脂溶液	—	1000	2~3	1(常温)	固化剂

(2)底层色浆稍干后,将调好的弹点色浆按色彩分格装入弹涂器内,先弹深色色浆,再弹浅色色浆。弹涂时应与墙面垂直,距离适中,使弹点大小一致,呈圆粒状,并分布均匀,避免重叠。待第一道弹点稍干后即可进行第二道弹涂,把第一道弹点不匀及露底处覆盖,最后进行个别修弹。两道弹点的时间间隔不能太近,以免出现混色现象。

(3)数量较多且面积较大的流坠浆点,用不同的色点覆盖;面积较小的流坠点用小铲尖将其剔掉后,用不同颜色的色点局部覆盖。

忌 17 弹出的色浆在饰面上形成不同的长条形色点,大小不一致

[分析]

(1)弹出器距离墙面比较远,部分弹棒弹力小,弹出的色点呈弧线形落挂在墙上。

(2)浆料中胶料少,较稠的色浆中加水时,没有按比例加胶液。

(3)操作技术不熟练,料桶中料少没有及时加料,弹出的色点碎小;料桶内投料过多,弹力器距离墙面太近,弹棒胶管套端部过长,所以色点过大。

[措施]

(1)为了避免长条点的形成,操作中应当控制好弹力器与装饰面的距离。随着料桶内浆料的减少逐渐地缩短距离,检查和更换弯曲、过长、弹力不够的弹棒。为了避免尖形点,应当控制浆料的配比，搅拌均匀后再倒入料筒。对已经形成的尖形点可以铲平后弹补。

(2)提高操作技术，控制好弹力器与墙面的距离，掌握好投料的时间，使每次投料间隔时间一致。

(3)过多的色点可用不同的色点覆盖分解；碎小色点可用同种颜色色点全部覆盖，再弹二道色点。

忌18 弹涂抹灰的色点起粉、掉色

[分析]

(1)弹涂抹灰的色点基层过干，色点水分被基层很快地吸走，不能硬化。

(2)水泥与颜料配不准，水灰比过大也会产生问题。

[措施]

弹涂前基层应当喷水润湿，严格地控制颜料比例。已经弹好的色点应当及时喷水养护，等强度上升后再加罩面。

忌19 喷、滚、弹涂的面层施工后现场有扬尘，干后未喷保护膜

[分析]

喷、滚、弹涂做法不当，易使面层凸凹不平。面层干前有扬尘、干后无保护膜，易在坑洼处积尘，积尘部位颜色明显加深，故外观查看显得颜色深浅不均，给人不新鲜的感觉。

[措施]

(1)注意喷、滚、弹涂未干燥之前，避免现场扬尘污染。

(2)选用无机颜料掺合，并要求抗老化，抗紫外线，防日晒等，不易改变颜色。

(3)面层施工24h后表面应喷一层有机硅，以使其形成面层装饰的保护膜，以提高饰面的耐久性和减少墙面的污染。

忌20 石材没有进行防护

[分析]

石材风化是大自然的必然现象，岩石受到阳光、风雨、空气中氧气等的作用会出现裂纹，以后逐渐变成砂子，最后变成黏土。当然这个过程要几十万年，但是岩石表面出点变化则是几年就可见的，尤其是近些年的大气污染，空气中含有二氧化硫等有害气体，加速了这种变化的发展。除了原来光面变麻面、出现麻坑等外，石材的颜色会由浅变深，石材中若含有黄铁矿还会被雨水引到表面上来，出现黄斑。

由于无论是恶劣的气候、环境的污染，都是通过水来完成的，所以对石材的损害主要表现在水上。石材吸收水而产生冰冻病害，水使微生物附生，水将有害物质带入石材中，水蒸发后有害物质留在石材中，水使岩石中可溶物质溶解，产生盐结晶病害、盐水解病害等。

[措施]

(1)产品应当有国内质检部门的检测报告，检测内容包括吸水率、抗碱性、渗透性等。

(2)订货前，要根据不同种类的石材进行相容性试验，以便确定被选用的产品是否适用。

(3)选择质量稳定的品牌，防止样品和供货质量不一致。

(4)石材堆放的地方应垫高，避免水源，应采取防雨防潮措施。

忌 21　仿假石各分格条不平直、头棱错缝

[分析]

没有统一弹分格线，分格条浸水不透，粘贴后变形。

[措施]

统一拉通线。分格条使用前要在水中泡透。水平分格条通常粘在水平线下边，竖直分格条粘在垂线左侧，以便检查其准确度，防止发生错缝、不平现象。若分格条两侧抹八字形水泥浆固定，则水泥浆扫毛稍收水后即可起出分格条。

忌 22　未掌握仿假石的施工操作要点

[分析]

仿假石抹灰是在基层上涂抹面砂浆，分成若干大小不等的横平竖直的矩形格块，人工扫除横竖毛纹或斑点，有如石面质感的装饰抹灰。仿假石抹灰材料同假面砖抹灰材料。

仿假石抹灰施工操作程序为：基层处理→抹底层、中层砂浆→弹分格线→粘贴分格条→罩面扫毛→起分格条→刷乳胶漆。

[措施]

(1)基层处理和抹底层、中层砂浆。基层处理和抹底层、中层砂浆同一般抹灰。

(2)弹分格线。根据墙面积大小或设计要求弹出几种互相组合的矩形墨线。内墙抹灰上口至顶棚约 6cm，下口与踢脚板相连；外墙抹灰上口至突出腰线，下口可一直到底，弹线可由三人同时进行，两人在墙面弹线放样，一人在下面指挥，发现分格不妥，随时调整。

(3)粘贴分格条。根据墨线位置用素水泥浆粘贴分格条，形成一个假石贴面层。

(4)罩面扫毛。用水泥∶石灰膏∶砂＝1∶0.5∶4 的混合砂浆罩面，抹灰罩面与分格条面平，并用刮尺压实刮平，用木抹子搓平。待面层砂浆稍收水后，用短竹丝扫帚沿紧靠分格条的直尺在面层上扫出清晰的条纹。分格块与块之间条纹方向交叉，一块横，一块竖，相互垂直。扫出条纹应横平竖直，质感良好，具有岩石的纹理。

(5)起分格条。扫好条纹后应尽快起出分格条，随手将分格缝用线抹子抹平勾缝，做到棱角整齐、清晰美观。

(6)刷乳胶漆。面层干燥后，用竹丝扫帚扫去浮砂、灰尘，用浅色乳胶漆刷涂两遍，分格块与块之间可以刷不同颜色，使仿石效果更好，室外仿石可在乳胶漆外喷防水剂以提高饰面耐久性。

忌 23 拉假石墙面颜色不一致，抓痕不规则

[分析]

拉假石也是一种人造假石，是在一种硬化后的水泥石屑砂浆面层上用抓耙按同一方向抓成的一种人造石。

拉假石抓痕要直，宽窄、深浅一致才能美观。由于拉假石露出的石渣较少，水泥的品种、颜色对面层效果的影响很大，因此要十分注意整个墙面颜色的均匀一致，选择耐光、不易褪色的水泥品种。

［措施］

(1)水泥采用强度为 32.5 级的普通水泥、矿渣水泥，所用水泥应是同一批号、同一颜色，且由同一厂家生产。

(2)所用骨料(石子、玻璃、粒砂等)颗粒坚硬、色泽一致、不含杂质，使用前须过筛、洗净、晾干，防止污染。

(3)有颜色的墙面应挑选耐碱、耐光的矿物颜料，并与水泥一次性拌均匀，过筛装袋备用。

(4)面层收水后，用木杠检查平整度，然后用木抹子搓平，最后用钢皮抹子压实起光。抓耙的齿是锯齿形的，用铁皮制作，铁皮厚度为 5～6mm，齿距的大小和深浅可按要求确定。待水泥凝结后，左手扶靠尺，右手持抓耙并依着靠尺按同一方向抓刮去表面的水泥砂浆，露出石渣，如图 5-2 所示。

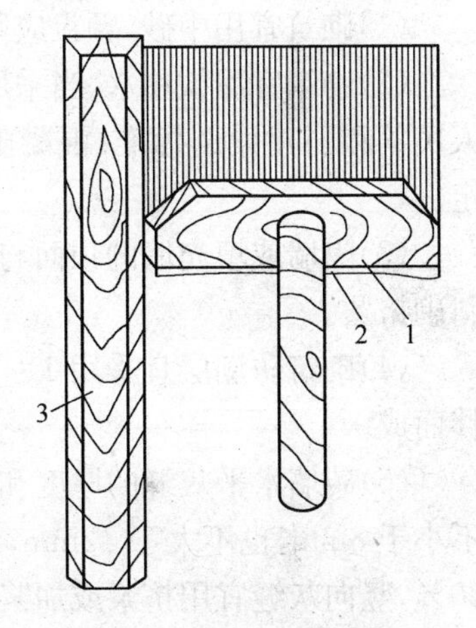

图 5-2 用抓耙做拉假石

1. 抓耙 2. 废锯条 3. 木靠尺板

6 砌筑及清水砌体勾缝

宜

(1)砌筑宜用中砂，颗粒应坚硬洁净，并要过筛。

(2)砌筑宜用饮用水，当采用其他水源时，水质必须符合中华人民共和国建设部标准《混凝土用水标准》(JGJ 63—2006)的规定。

(3)隔墙或填充墙的顶面与上部结构接触处宜用侧砖或立砖斜砌挤紧。

(4)砌筑防潮层宜采用 1∶2 水泥砂浆加 3%～5%防水剂搅拌而成。

(5)砖墙水平灰缝的厚度和竖向灰缝的宽度一般为 10mm，但不小于 8mm，也不大于 12mm，水平灰缝的砂浆饱满度应不低于 80%，竖向灰缝宜用挤浆或加浆的方法，使其砂浆饱满。

(6)砖墙工作段的划分位置，宜设在伸缩缝、沉降缝、防震缝、构造柱或门窗洞口处，相邻工作段的砌筑高度差不得超过一个楼层的高度，也不宜大于 4m。

(7)砖墙每天砌筑高度以不超过 1.8m 为宜，雨天不超过 1.2m。

(8)水平灰缝和竖向灰缝砌筑方法宜采用“三一”砌法，即“一铲灰、一块砖、一揉挤”的操作方法。竖向灰缝宜采用挤浆法或加浆法，使砂浆饱满。

(9)勾缝宜采用 32.5 级普通水泥或矿渣水泥，应选择同一品种、同一强度等级、同一厂家生产的水泥。

(10)为防止砂浆早期脱水,在勾缝前一天将墙面浇水湿润,天气特别干燥时,勾缝前可再适量浇水。

(11)勾缝宜使用1:1水泥细砂砂浆或水泥:粉煤灰:细砂=2:1:3的混合砂浆。

(12)勾缝石材墙面采用水泥:中砂=1:2的水泥砂浆。

(13)水泥砂浆稠度以勾缝溜子挑起不掉为宜。

(14)如设计无特殊要求,砖墙勾缝宜采用平缝。

(15)外墙一般采用喂缝方法勾成平缝。

忌

忌1 砌筑砂浆材料不符合要求

[分析]

砂浆是由胶结料、细骨料、掺加料和水按一定比例配制而成的。砌筑砂浆是指将砖、石、砌块等粘结成为砌体的砂浆。砌筑砂浆材料不符合要求,不仅起不到很好的胶结作用,也起不到保暖隔热的密封作用。

[措施]

(1)常用的砌筑砂浆有水泥砂浆、水泥混合砂浆和非水泥砂浆等,见表6-1所示。

表6-1 砌筑砂浆

水泥砂浆	由水泥、细骨料和水配制成的砂浆,无塑性掺合料的纯水泥砂浆具有较高的强度和耐久性,但和易性差,多用于强度高和潮湿环境的砌体中
水泥混合砂浆	由水泥、细骨料、掺加料和水配制的砂浆,有塑性掺合料的水泥砂浆,如水泥白灰砂浆,具有一定的强度和耐久性,且和易性和保水性好,多用于一般墙体中
非水泥砂浆	由细骨料、掺加料和水配制成的砂浆,如白灰砂浆、黏土砂浆等,强度低且耐久性差,可用于简易或临时建筑的砌体中

(2)细骨料采用砂,掺加料采用石灰膏、粉煤灰、黏土膏、电石膏等。

(3)水泥可采用硅酸盐水泥、普通硅酸盐水泥、矿渣硅酸盐水泥、火山灰质硅酸盐水泥、粉煤灰硅酸盐水泥等。水泥砂浆采用的水泥,其强度等级不宜大于 32.5 级;水泥混合砂浆采用的水泥,其强度等级不宜大于 42.5 级。水泥一般应按品种、强度等级、出厂日期分别堆放,并应保持干燥。当遇水泥标注不明或出厂日期超过三个月(快硬硅酸盐水泥超过一个月)时,应复查试验,并应按试验结果使用。不同品种的水泥,不得混合使用。

(4)砂浆用砂宜采用中砂,其中毛石砌体宜选用粗砂,并应过筛,且不得含有草根等杂物。砂中含泥量,对于水泥砂浆和强度等级不小于 M5 的水泥混合砂浆,应不超过 5%;对于强度等级小于 M5 的水泥混合砂浆,应不超过 10%。人工砂、山砂及特细砂,经试配能满足砌筑砂浆技术条件时,含泥量可适当放宽。

(5)用生石灰熟化成石灰膏时,应用孔径不大于 3mm×3mm 的网过滤,熟化时间不得少于 7d;用建筑生石灰粉熟化成石灰膏时,熟化时间不得少于 2d。沉淀池中贮存的石灰膏,应采取防止干燥、冻结和污染的措施。严禁使用脱水硬化的石灰膏。用黏土或亚黏土制备黏土膏时,宜用搅拌机加水搅拌,通过孔径不大于 3mm×3mm 的网过筛。用比色法鉴定黏土中的有机物含量时应浅于标准色。

(6)制作电石膏的电石渣应用孔径不大于 3mm×3mm 的网过滤,检验时应加热至 70℃并保持 20min,没有乙炔气味后,方可使用。

(7)凡在砂浆中掺入有机塑化剂时,外加剂应具有法定检测机构出具的该产品砌体强度形式检验报告,并经检验和试配符合要求后,方可使用。

(8)用于砂浆中的早强、缓凝、防冻剂等,其掺量应通过试验确定。

(9)拌制砂浆用水宜采用饮用水。当采用其他来源水时,水质必须符合《混凝土用水标准》(JGJ 63—2006)的规定。

(10)为了改善砂浆在砌筑时的和易性,可掺入适量的塑化剂,除石灰膏等掺合剂外,还有微沫剂,也称松香皂,它是松香、碱(氢氧化钠或碳酸钠)及水加热熬制而成的。和易性好的砂浆便于施工,易于保证质量,提高劳动生产率。砂浆的和易性主要取决于砂浆的稠密度和保水性。

忌 2　砌筑砂浆强度等级相应的抗压强度值不符合规定

[分析]

影响砂浆强度的因素较多,主要取决于水泥的强度等级和水泥用量。此外,砂浆的搅拌时间、使用时间、养护条件、龄期以及外加剂和掺合料的品种、用量等因素也会影响砂浆强度。

[措施]

砂浆强度的等级用 M 表示,它是以边长为 70.7mm 的立方体试块,在温度为 20℃±3℃下,一定湿度(水泥砂浆需相对湿度 90%以上;混合砂浆需相对湿度 60%~80%)的标准养护条件下,经龄期为 28d 试验测得的抗压强度来确定的。砌筑砂浆强度等级分为 M20、M15、M10、M7.5、M5、M2.5 等六级。混凝土小型空心砌块砌筑砂浆的强度等级分为:Mb25、Mb20、Mb15、Mb10、Mb7.5、Mb5 六级。

砂浆试块的制作、养护和抗压强度取值,应按现行行业标准《建筑砂浆基本性能试验方法标准》(JGJ/T 70—2009)的规定执行。

砌筑砂浆各强度等级相应的抗压强度值应符合表 6-2 的规定。

水泥砂浆拌合物的密度宜不小于 1 900kg/m^3;水泥混合砂浆拌合物的密度宜不小于 1 800kg/m^3。

砌筑砂浆的稠度、分层度、试配抗压强度必须同时符合要求。砌筑砂浆的稠度应按表 6-3 的规定选用。

表 6-2　砌筑砂浆强度等级　　单位：MPa

强度等级	龄期 28d 抗压强度	
	各组平均值不小于	最小一组平均值不小于
M15	15	11.25
M10	10	7.5
M7.5	7.5	5.63
M5.0	5.0	3.75
M2.5	2.5	1.88

表 6-3　砌筑砂浆的稠度　　单位：mm

砌 体 种 类	砂浆稠度
烧结普通砖砌体	70～90
轻骨料混凝土小型空心砌块砌体	60～90
烧结多孔砖、空心砖砌体	60～80
烧结普通砖平拱式过梁 空斗墙、筒拱 普通混凝土小型空心砌块砌体 加气混凝土砌块砌体	50～70
石砌体	30～50

忌 3　砌筑留槎操作不当

[分析]

砖墙在砌筑过程中，由于人员、技术、机械等多种因素，使同层所有墙体不能同时砌筑，需要留槎。如同一楼层内因砌墙和安装楼板要进行流水施工，就会出现分段砌筑的实际问题；又如一幢建筑有高低层时，为减少因地基沉降不均匀引起相邻墙体的变形和裂缝，也要将墙体分段，先砌高层部分，后砌低层部分。这样先后砌筑的两部分就有一个接槎。

[措施]

(1)砖砌体工程工作段的分段位置，宜设在伸缩缝、沉降缝、防震缝、构造柱或门窗洞口处，相邻工作段的砌筑高度差，不得超过一个楼层的高度,也不宜大于4m。

(2)砖砌体临时间断处的高度差,不得超过一步脚手架的高度。

(3)《砌体工程施工质量验收规范》(GB 50203—2002)中明确规定:“砖砌体的转角处和交接处应同时砌筑,严禁无可靠措施的内外墙分砌施工。对不能同时砌筑而又必须留置的临时间断处,应砌成斜槎。”

(4)烧结普通砖砌体的斜槎长度应不小于高度的2/3,砖墙斜槎如图6-1所示。

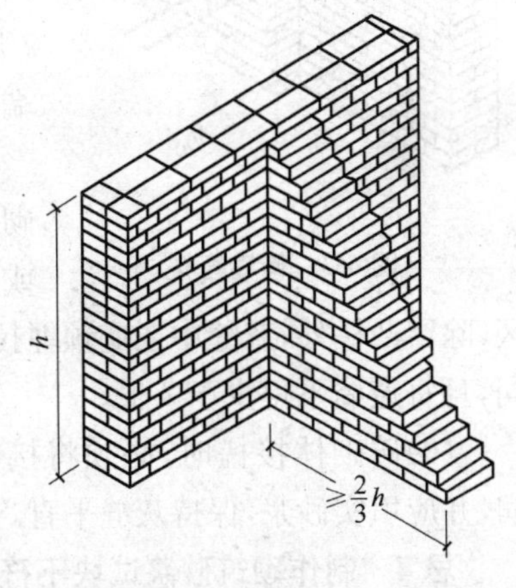

图6-1　砖墙斜槎

(5)多孔砖砌体根据砖规格尺寸,留置斜槎的长高比一般为1∶2。

(6)为减少接槎的工作量,适当地改变组砌方式,缩短斜槎长度,可以采用16层退槎法,即每层砖退60mm,一步架斜槎搭底(也称放线)长度870～1 000mm(三砖半至四砖长),砖墙的退槎如图6-2所示。

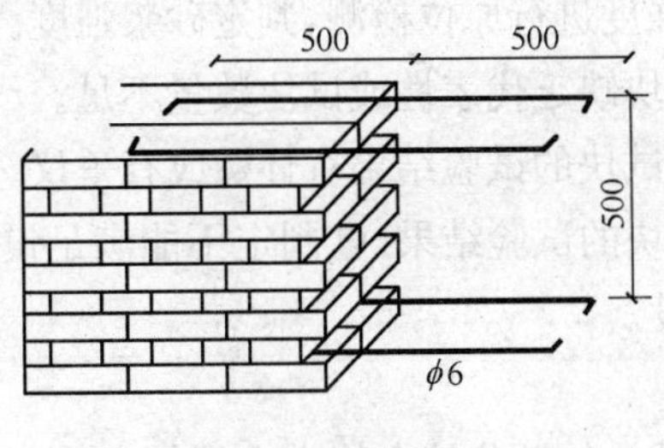

图6-2　砖墙退槎

(7)非抗震设防及抗震设防烈度为6度、7度地区,施工中必须留置的临时间断处应砌成斜槎，当不能留斜槎时，除转角处外，可留直槎，但直槎必须做成凸槎，并应加设拉结钢筋。拉结钢筋的数量为每 120mm 墙厚放置 1 根直径 6mm 的钢筋，间距沿墙高不得超过 500mm；埋入长度从墙的留槎处算起，每边均应不小于 500mm，对抗震设防烈度 6 度和 7 度地区，应不小于 1 000mm；末端应有 90°弯钩，如图 6-3 所示。

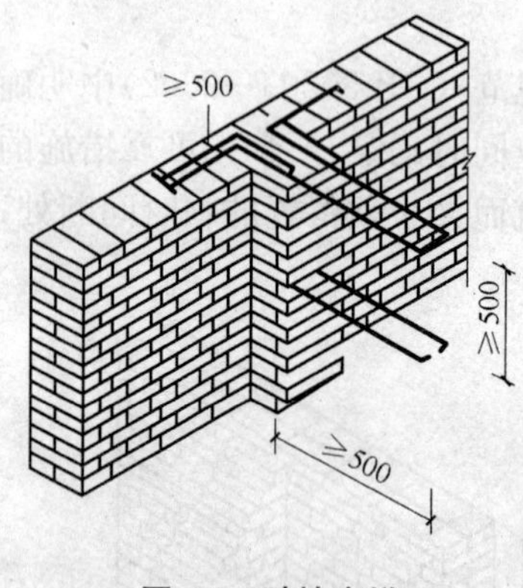

图 6-3 砖墙直槎

(8)隔墙与墙或柱不能同时砌筑而又不留成斜槎时，可于墙或柱中引出凸槎。非抗震设防区，除留凸槎外，灰缝中还应预埋拉结钢筋，其构造与上述直槎相同，且每道墙不得少于 2 根。

(9)砖砌体接槎时，必须将接槎处的表面清理干净，浇水湿润，并应填实砂浆，保持灰缝平直。

忌 4 制作砌筑砂浆试块不符合要求

[分析]

当施工中出现以下情况时，可采用非破损或微破损检验方法对砂浆和砌体强度进行原位检测，判定砂浆强度。

(1)砂浆试块缺乏代表性或试块数量不足。

(2)对砂浆试块的试验结果有怀疑或有争议。

(3)砂浆试块的试验结果，已判定不能满足设计要求，须确定砂浆或砌体强度。

[措施]

制作砂浆试块的砂浆拌合物应在搅拌机出料口随机取样、制作。一组(六块)试样应在同一盘砂浆中取样制作，同盘砂浆只能制作一组试样。制作砂浆试块如表 6-4 所示。

表 6-4　制作砂浆试块

砂浆的抽样频率	砂浆的抽样频率应符合以下规定： (1)每一楼层或 250m³ 砌体中的每种强度等级的砂浆，每台搅拌机应至少检查一次，每次至少应制作一组试块 (2)每一工作台班，每台搅拌机取样不得少于一组 (3)每一楼层的每一分项工程取样不得少于一组 (4)砂浆强度等级或配合比变更时，还应制作试块 (5)基础砌体可按一个楼层计
砂浆试块强度的评定	砂浆试块强度应按下列公式进行评定： $f_{2,m}\geqslant f_2$ $f_{2,min}\geqslant 0.75f_2$ 式中　$f_{2,m}$——同一验收批中砂浆立方体抗压强度各组平均值(MPa) f_2——验收批砂浆设计强度等级所对应的立方体抗压强度(MPa) $f_{2,min}$——同一验收批中砂浆立方体抗压强度最小一组平均值(MPa)

忌 5　泄水孔施工不符合规定

[分析]

砌筑挡土墙，应按照设计要求收坡或收台，设置伸缩缝和泄水孔，但干砌挡土墙可不设泄水孔。

[措施]

泄水孔施工应符合下列规定：

(1)泄水孔应均匀设置，在每米高度上间隔 2m 左右设置一个泄水孔。

(2)泄水孔宜采用抽管方法留置。

(3)泄水孔周围的杂物应清理干净，并在泄水孔与土体间铺设长宽各为 300mm、厚 200mm 的卵石或碎石作为疏水层。

挡土墙内侧回填土必须分层夯填，分层松土厚度应为

300mm。墙顶上面应有适当坡度使水流向挡土墙外侧面。

忌6 砌筑质量差，勾缝前未按规定进行开缝处理

[分析]

勾缝前墙面没有洒水湿润，导致勾缝砂浆同砖缝粘结不牢固、不密实，容易引起渗水，隔声、保温效果不良。

[措施]

(1)勾缝时溜子宽度应与砌筑灰缝相符，溜子应当放平，用力要均匀一致，比砌体表面凹进3～5mm。

(2)砌筑质量要好，并且按照清水墙的质量标准要求进行检查验收。勾缝前应当按规矩拉线，将窄缝、瞎缝按其砌筑时的留缝宽度进行开缝处理，使灰缝横平竖直，宽窄一致。

忌7 砌筑清水墙面游丁走缝

[分析]

(1)砖的长、宽尺寸误差较大，若砖的长为正偏差，宽为负偏差，砌一顺一丁时，竖缝宽度不易掌握，稍不注意就会产生游丁走缝。

(2)开始砌墙摆砖时，没有考虑窗口位置对砖竖缝的影响，当砌至窗台处分窗口尺寸时，窗的边线不在竖缝位置，使窗间墙的竖缝搬家，上下错位。

(3)里脚手砌外清水墙，需要经常探身穿看外墙面的竖缝垂直度，砌至一定高度后，穿看墙缝不太方便，容易产生误差，稍有疏忽就会出现游丁走缝。

[措施]

(1)砌筑清水墙，应选取边角整齐、色泽均匀的砖。

(2)砌清水墙前应进行统一摆底，并先对现场砖的尺寸进行实测，以便确定组砌方法和调整竖缝宽度。

(3)摆底时应将窗口位置引出，使砖的竖缝尽量与窗口边线

相齐，如安排不开，可适当移动窗口位置（一般不大于20mm）。当窗口宽度不符合砖的模数（如1.8m宽）时，应将七分头砖留在窗口下部的中央，以保持窗间墙处上下竖缝不错位。

(4)游丁走缝主要是丁砖游动所引起，因此在砌筑时，必须强调丁压中，即丁砖的中线与下层顺砖的中线重合。

(5)在砌大面积清水墙（如山墙）时，在开始砌的几层砖中，沿角1m处，用线坠吊一次竖缝的垂直度，至少保持一步架高度有准确的垂直度。

(6)沿墙面每隔一定间距，在竖缝处弹墨线，墨线用经纬仪或线坠引测。当砌至一定高度（一步架或一层墙）后，将墨线向上引伸，以作为控制游丁走缝的基准。

忌8　勾缝前墙面未压实抹光

[分析]

(1)横竖缝接缝处没有采取专门的措施，勾缝时没有专用溜子施工，而用小压子代替。

(2)在横竖缝接缝处不好勾压，容易形成一个坑或者一个鼓包，导致横竖缝不在一个平面，看起来不整齐、不协调，又容易引起渗水。

[措施]

(1)勾缝砂浆宜用细砂拌制，配合比为水泥∶砂＝1∶1.5，并拌合均匀。

(2)勾缝时应当先勾横缝、后勾立缝，勾好缝后应当反复地压实。勾立缝应用专用点立缝的小溜子在横竖交接处反复压实。

(3)注意勾缝砂浆不得污染墙面。勾缝完毕应当清扫墙面，清扫时应当顺勾缝方向，横竖扫干净。

忌9　灰缝未初凝就清扫墙面

[分析]

灰缝未初凝就清扫地面，造成灰缝的灰污染砌体表面，墙面局部变灰，干后返白，影响墙面的美观。

[措施]

勾缝后清扫墙面应注意以下几点：

(1)勾缝的灰不能太稀。

(2)勾缝的灰板不要靠墙，避免污染。

(3)扫墙应在灰缝内的灰初凝后进行，不可以过早。

(4)做好已勾好缝的墙面保护工作，防止其他工序污染墙面。

7 楼地面装饰工程

宜

(1)管道周围宜用水泥砂浆或细石混凝土沿长度稳固,其固定的断面一般做成梯形,高度不得超过垫层的厚度。

(2)按垫层的标高标出上水平线,以上平拉线做找平墩,墩的间距以2m左右为宜。

(3)炉渣宜采用软质烟煤炉渣,其表观密度为800kg/m^3。

(4)垫层应分层摊铺,摊铺的厚度一般控制为压实厚度乘以1.15~1.25的系数为宜。

(5)采用平振法捣实时,要使平板式振捣器往复振捣至密度合格为止,移动时每行应重叠1/3;采用夯实法捣实时,要一夯压半夯全面夯实;采用碾压法捣实时,碾压遍数以达到要求为准,应不少于三遍。

(6)分层施工时,接头处应做成斜面,每层分段应错开0.5~1.0m,接头处充分压实。

(7)灰土拌合时应控制加水量,保持一定的湿度,加水量一般以灰土总质量的16%为宜。

(8)现场检验时用手紧握灰土成团、两指轻捏即碎为宜。

(9)找平层采用水泥砂浆时,其体积比应不小于1∶3,厚度不小于20mm;采用混凝土时,其强度等级应不小于C15,找平层厚度不小于30mm。

(10)隔离层采用防水涂料类材料,施工前应先做好连接处节点、附加层的处理后再进行大面积的铺涂,以防连接处出现渗漏现象。靠墙处防水材料应向上铺涂，并高出面层200～300mm。

(11)整体面层铺设用水泥宜采用硅酸盐水泥、普通硅酸盐水泥，其强度等级应不低于32.5；砂应采用中砂或粗砂，含泥量应不大于3%；石屑粒径宜为3～5mm，其含粉量(含泥量)应不大于3%。

(12)水泥砂浆铺设前一天即应洒水保持表面有一定的湿度，以利于面层与基层结合牢固。

(13)水泥砂浆宜采用机械搅拌，拌合要均匀，水灰比宜控制在0.4，垫层为炉渣时，厚度宜为25～35mm；垫层为水泥混凝土时，应采用干硬性水泥砂浆，以手捏成团稍出浆为准。

(14)抹压时，如表面稍干，宜淋水予以压光；如水灰比稍大，表面难以收水，可撒干拌的水泥和砂进行压光，其体积比为1∶1(水泥∶砂)，砂须过3mm筛，但撒布时应均匀。

(15)有地漏的房间，应在地漏四周做出不小于5%的泛水坡度。

(16)混凝土浇筑时的坍落度宜小于30mm，应连续浇筑，不应留置施工缝。

(17)在抹平压光过程中，确因水灰比控制不严，出现表面泌水，宜采用干拌合均匀的水泥和砂[水泥∶砂(体积比)=1∶2～1∶2.5]，均匀撒布在面层上，待被水吸收后即可抹平压光。

忌

忌1　炉渣垫层质量不好

[分析]

(1)当使用没有过筛和没有用水闷透的炉渣拌制水泥炉渣垫层(或水泥石灰炉渣垫层)时，由于这种粉末过多的炉渣垫层强度低，容易造成地面开裂、空鼓。此外，炉渣内常常含有煅烧过的煤石，煤石变成石灰，若没有经水闷透，遇水后消解使体积膨胀，造成地面空鼓。

(2)使用的石灰未熟化透,没有过筛,含有未熟化的生石灰颗粒,铺设拌合物后,生石灰颗粒慢慢地吸水熟化、体积膨胀,易使水泥砂浆面层拱起,造成地面的空鼓、裂缝等缺陷。

(3)设置在炉渣垫层内的管道没有用细石混凝土固定,产生松动,导致面层的开裂、空鼓。

[措施]

(1)拌制水泥炉渣或水泥石灰炉渣垫层应当采用陈渣,严禁使用新渣。陈渣指从锅炉排出后,在露天堆放,经雨水或清水、石灰浆闷透的炉渣。陈渣经水闷透,石灰颗粒消解熟化,性能稳定,能够保证地面的质量。

(2)炉渣使用前应过筛,其最大粒径应不大于 40mm,并且不得超过垫层厚度的 1/2。粒径在 5mm 以下的炉渣不得超过总体积的 40%,炉渣内不应含有机物和没有燃尽的煤块。炉渣闷渣时,闷渣时间应不少于 5d。

(3)石灰应在使用前 3～4d 用清水熟化,并过筛,最大粒径不得大于 5mm。

(4)水泥炉渣的配合比应为水泥∶炉渣=1∶6(体积比);水泥石灰炉渣配合比应为水泥∶石灰∶炉渣=1∶1∶8(体积比),拌合应当均匀,严格控制用水量。铺设后,应用辊子滚压到表面泛浆,并用木抹子搓打平,表面不应有松动的颗粒。铺设厚度应不小于 60mm;当铺设厚度大于 120mm 时,应分层进行铺设。

(5)在炉渣垫层内埋设管道时,管道周围应用细石混凝土通长固定好。

(6)炉渣垫层铺设在混凝土基层上时,铺设前应先在基层上涂刷一遍水灰比为 0.4～0.5 的素水泥浆,随涂随铺,铺设后及时拍平压实。

(7)铺设炉渣垫层后,应当认真做好养护工作,在养护期间应当避免被水侵蚀,等其抗压强度达到 1.2MPa 后便可以进行下道工序的施工。

(8)混凝土垫层应当用平板振捣器振实,高低不平处应用水泥砂浆或者细石混凝土找平。

忌2 垫层表面清理不干净,垫层表面不浇水或浇水不足

[分析]

(1)水泥混凝土和水泥砂浆垫层表面清理不干净,有浮灰、浆膜或者其他污物,特别是室内粉刷的白灰砂浆粘在楼板上,很难清理干净,严重影响垫层与面层的结合。

(2)面层施工时,水泥混凝土和水泥砂浆垫层(或基层)表面不浇水或者浇水不足,过于干燥。铺设砂浆后,因为垫层迅速地吸收水分,使砂浆失水过快而强度不高,面层与垫层粘结不牢;干燥的垫层(或基层)没有经过冲洗,表面的粉尘难以扫除,对面层砂浆起到一定的隔离作用。

(3)水泥混凝土和水泥砂浆垫层(或基层)表面有积水,在铺设面层后,积水的面层水灰比突然增大,影响面层与垫层之间的粘结,容易使面层空鼓。

[措施]

(1)认真清理水泥混凝土和水泥砂浆垫层表面的浮灰、浆膜和其他污物,并将垫层用清水冲洗干净。若底层表面过于光滑应凿毛,门口处砖层过高应当剔凿。

(2)控制基层的平整度,用2m的直尺检查,其凹凸度应不大于10mm,用以保证面层的均匀一致,防止因为面层厚薄不均而造成凝结硬化时收缩不均,产生裂缝、空鼓。

(3)水泥混凝土和水泥砂浆垫层面层施工前1～2d,应对基层认真进行浇水湿润,使基层具有清洁、湿润、粗糙的表面。

忌3 地面垫层和面层下沉和开裂

[分析]

(1)房心内地面垫层以下的填土使用淤泥、杂填土、腐殖土、耕植土或者冻土。淤泥的含水率很高,用于房心填土则无法夯实，地面垫层和面层做完之后，淤泥内的水分蒸发，造成垫层和面层的下沉和开裂。杂填土是各类土混合在一起的杂土，甚至混有垃圾，所以也夯不实。腐殖土和耕植土内都含有机物，影响土颗粒之间的粘结力，也不能作填土。冻土在温度升高时会融化而产生体积的收缩，若用作填土会造成地面垫层和面层的下沉和开裂。

(2)已被扰动的原状基土和回填土没有进行压实就做上面的垫层，在地面渗水或者上部荷载作用下松土被压实，造成地面下沉和开裂。

[措施]

(1)根据规范的要求，淤泥、腐殖土、膨胀土和有机物含量大于8%的土不得用作回填土。若地面垫层以下的原状基土是上述土之一，应当按设计要求将原状基土挖出更换或者进行加固处理，然后才可继续进行下道工序。

(2)已被扰动的原状基土应当挖出进行分层夯实，回填新土也要分层夯实。土块的粒径应不大于50mm，每层虚铺的厚度：机械压实时应不大于300mm，用蛙式打夯机夯实时应不大于250mm，人工夯实时应不大于200mm。每层压实后的土的压实系数应符合设计的要求，应不小于0.9，填土前应取土样做击实试验，确定最优含水量和相应的最大干燥度。

忌4 基层杂物未清理干净，炉渣垫层与基层粘结不牢

[分析]

(1)基层杂物没有清理干净，影响垫层与基层的粘结力。铺垫层前不洒水，由于基层较干燥而吸收垫层中的水分，导致垫层空鼓、裂纹。

(2)铺炉渣垫层前应在基层表面涂刷水泥浆，使垫层材料与基层粘结牢固。若在铺设前涂刷面积过大或者间隔时间较长，铺垫层时水泥浆已经干燥，起不到结合层的作用，造成垫层空鼓。

[措施]

(1)铺设垫层前要彻底清理基层杂物，粘结在基层上的水泥浆皮、混凝土渣(或砖渣)应用錾子剔凿、钢丝刷子刷掉，再用扫帚清扫干净。

(2)杂物虽然已经清扫干净，但是仍有粉尘，所以必须在铺设垫层前洒清水湿润，避免吸收垫层中的水分。

(3)在垫层材料已经搅拌好、铺设之前，刷水泥浆结合层，做到随刷随铺。

忌5 水泥炉渣垫层或水泥白灰炉渣垫层的拌合料未按配合比进行拌合

[分析]

(1)炉渣内的细粉末或者粒径在5mm以下的颗粒比例较大时，会吸收炉渣拌合料中的水分，垫层容易产生裂缝。进场的炉渣不浇水闷透也会吸收炉渣垫层的水分，导致垫层裂缝，尤其是水泥白灰炉渣垫层，白灰遇水后体积膨胀，若预先不用水闷透，最容易导致地面空鼓、裂缝。

(2)水泥炉渣垫层或水泥白灰炉渣垫层的拌合料不按配合比进行拌合，或者人工拌合不均匀，造成垫层的强度低、松散，地面垫层做完后，吸收面层的水分而导致面层开裂。

[措施]

(1)炉渣在使用前必须过两遍筛，第一遍过大孔径筛，筛孔为40mm，第二遍过小孔径筛，筛孔为5mm，主要筛去细粉末，使粒径在5mm及以下的颗粒体积不超过总体积的40%，炉渣具有粗、细粒径兼有的合理配比。

(2)炉渣垫层使用的炉渣在使用前必须浇水闷透，时间不少于5d。若采用水泥白灰炉渣垫层，其炉渣应先用石灰浆或者熟化石灰浇水拌合闷透，时间不得少于5d。

(3)垫层拌合料必须按照设计要求的配合比进行搅拌，人工拌合时要用量具按设计配合比配料，先把干料拌合均匀后再加水，还要控制加水量，避免铺设时表面出现泌水的现象。

忌 6 预先未弹基准线,未做标筋

[分析]

由于预先没有在墙面上弹＋500mm 的水平基准线,因此,无法按照墙上的基准线做标筋,铺设时厚度和水平度难以控制,造成表面的高低不平。铺设后只用铁锹拍打不用铁滚滚压,容易造成垫层的密实度不够。

[措施]

(1)为控制面层的标高应事先在四周墙上弹出一道水平基准线。水平基准线以室内地坪±0.000 为依据,往上返在标高＋500mm 处弹线,如图 7-1 所示。

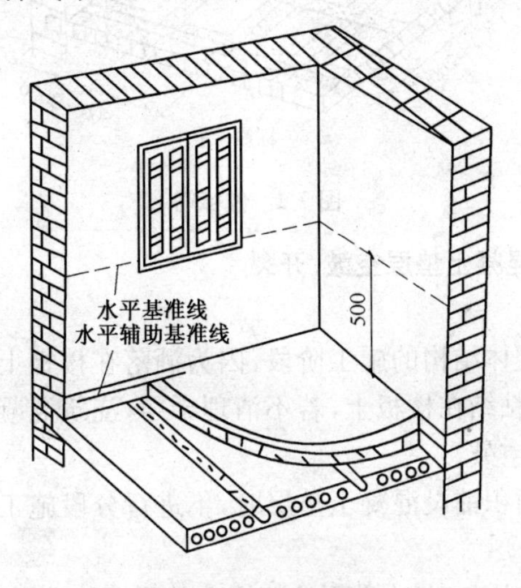

图 7-1 弹基准线

(2)根据水平基准线再将楼地面面层上皮的水平辅助基准线弹出。面积不大的房间,施工时可直接用长木杠做灰饼、标筋;面积较大的房间应根据水平基准线在四周墙角处每隔 1.5～2.0m 用 1∶2 水泥砂浆抹标志块,标志块大小通常为 8～10cm 见方。待标志块硬结后再以标志块的高度做出通长的冲筋,以控制面层的上皮标高，如图7-2所示。

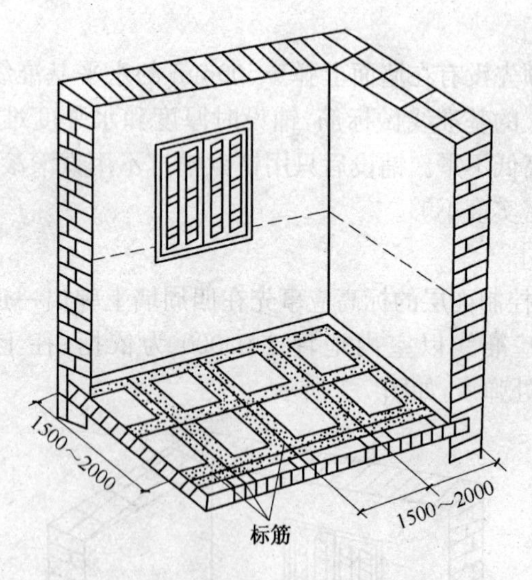

图7-2 做标筋

忌7 混凝土垫层空鼓、开裂

[分析]

(1)在主体结构的施工阶段，因为洒落在楼板上的水泥浆或者砂浆已经粘结在楼板上，若不清理干净，浇筑混凝土垫层时容易造成垫层空鼓。

(2)大面积铺设混凝土垫层时，不进行分段施工和留置伸缩缝。

(3)冬季施工时，在首层地面冻土基层上铺设混凝土垫层，气温升高后冻土融化，地面面层和垫层开裂下沉。

[措施]

(1)浇筑混凝土前，用錾子将粘在楼板上的水泥浆皮、砂浆等剔凿干净，再用钢丝刷子刷掉、用扫帚清扫干净。

(2)由于杂物和水泥浆皮虽然已清扫干净但仍有粉尘，所以在浇筑垫层前应洒清水湿润。浇筑时要再洒水，泥浆(即结合层)

随洒随浇筑。

(3)大面积施工的垫层混凝土，浇筑时要跳仓(即隔断浇筑)施工或者各段之间留置伸缩缝(间距宜为6m×6m)，在面层施工时仍要留置分隔缝，且与垫层伸缩缝上下对应。若垫层的伸缩缝要灌沥青砂浆或者其他材料，具体工程可与设计单位协商处理。

(4)冬季施工，首层地面做基层时，应当先检查基层是否冻胀，若冻胀应当换土或者采取化冻措施。

忌8 面层与垫层之间没有涂刷水泥浆结合层

[分析]

为了增强面层与垫层(或垫层与基层)之间的粘结力，需要涂刷水泥浆结合层。操作中存在的问题是，刷浆过早，铺设面层时所刷的水泥浆已经风干硬化，不但没有粘结力，而且还起了隔离作用；或者采用先撒干水泥面后浇水(或先浇水后撒干水泥面)的扫浆方法，由于干水泥面不易撒匀，容易形成干灰层和积水坑，成为面层空鼓的潜在隐患。

[措施]

(1)素水泥浆结合层在调浆后应当均匀涂刷，不应采用先撒干水泥面后浇水的扫浆方法。素水泥浆水灰比应为0.4~0.5。

(2)刷素水泥浆应与铺设面层紧密地配合，严格做到随刷随铺。铺设面层时，若素水泥浆已经风干硬化，应当铲去后重新涂刷。

(3)在水泥炉渣或者水泥石灰炉渣垫层上涂刷结合层时，应当加砂，其配合比可为水泥∶砂=1∶1(体积比)。刷浆前，应将表面松动的颗粒清理干净。

忌9 高压缩性土的软土地基未经技术处理就直接施工

[分析]

高压缩性土的软土地基没有经过技术处理就直接施工，因为软土地基缓慢沉降，造成地基整体下沉，并常常伴随整个地面层空鼓。

[措施]

在高压缩性软土地基上施工地面前，应当先进行地面加固处理。局部设备荷载较大的部位可以采取桩基承台支撑，避免发生沉降。

忌10 水泥地面完成后没有进行养护

[分析]

(1)水泥地面完成后没有进行养护就进行下道工序，已经完成压光的水泥地面虽然已经进入硬化阶段，但是水泥的水化作用还在继续，若后期的养护不到位，干燥环境中面层水泥砂浆的水分不断蒸发，水化作用中断，硬化停止后影响地面强度。若不进行养护又过早上人进行下道工序，因为地面强度低，导致面层起砂、起毛；地面表面干燥、体积收缩，会产生表面裂缝。

(2)水泥的水化作用必须在潮湿的环境中进行。水泥地面完成后，若不养护或者养护时间不够，在干燥的环境中面层水分迅速蒸发，水泥的水化作用就会受到影响，减缓硬化的速度，严重时停止硬化，使水泥砂浆脱水而影响强度和抗磨能力。此外，若地面抹好后不到24h就浇水养护，因为地面表面没有凝结，也会导致大面积的脱皮，砂粒外露、使用后起砂。

[措施]

(1)水泥地面施工完成后(表面用手指划不动)便开始蓄水养护，养护时可在门口围挡防止水外溢，养护的时间一般不少于7d，当抗压强度达到5MPa时才能上人。

(2)水泥地面压光后，应当根据气温情况(一般在一昼夜后)进行洒水养护，或用草帘、锯末覆盖后洒水养护。有条件的可以用黄泥或者石灰膏在门口做坎后进行蓄水养护。使用普通硅酸盐水泥的水泥地面，连续养护的时间应不少于7昼夜；使用矿渣硅酸盐水泥的水泥地面，连续养护的时间应不少于10昼夜。

忌11 地面有不规则裂缝

[分析]

(1)水泥稳定性差或用刚出窑的热水泥，凝结硬化时的收缩量大。采用不同品种的水泥，或者不同强度等级的水泥混用，由于凝结硬化的时间和凝结硬化时的收缩量不同而造成面层裂缝。

(2)若水泥砂浆过稀或者搅拌不均匀，则砂浆的抗拉强度降低，影响砂浆与基层的粘结，也容易使地面出现裂缝。

(3)砂的粒径过小或者含泥量过大，使拌合物的强度低，也容易引起面层收缩裂缝。

(4)回填土质量差或者夯填不实，地面完成以后填土沉陷，使地面产生裂缝，甚至空鼓脱壳。

(5)回填土中夹有冻土块或者冰块，气温回升后冻土融化，回填沉陷，使地面面层产生裂缝、空鼓。

(6)面积较大的楼地面没有留伸缩缝，由于温度变化而产生较大的胀缩变形，使地面产生裂缝。

(7)结构变形，如由于局部地面堆荷过大而造成基土下沉，或构件挠度过大造成构件下沉、错位、变形，使地面产生不规则裂缝，这些裂缝一般是底、面贯通的。

(8)外加剂过量造成面层的收缩值较大。各种减水剂、防水剂等掺入水泥砂浆或者混凝土后，会使收缩值增大，若掺量不正确，面层完工后又不注意养护，则极容易造成面层裂缝。

(9)配合比不准确，垫层质量差；混凝土振捣不实，接槎不严；地面填土局部标高不够或者过高，削弱垫层的承载力而引起面层裂缝。

(10)面层由于收缩不均匀产生裂缝，如底层不平整或者预制楼板没有找平，使面层厚薄不匀；埋设管道、预埋件或地沟盖板偏高或偏低，使面层厚薄不匀；新旧混凝土交接处由于吸水率和垫层用料不同，造成面层的收缩不匀；面层压光时干水泥面撒不均匀，使面层产生不等量的收缩。

[措施]

(1)重视原材料的质量。用于水泥砂浆地面的原材料，其质量要达到一定的要求。

(2)面层的水泥拌合物应当严格控制用水量,水泥砂浆的稠度应不大于35mm,混凝土坍落度应不大于30mm。表面压光时,不应撒干水泥面。若由于水分大难以压光,可以适量撒一些1∶1的干拌水泥砂拌合物,撒布应当均匀,等吸水后,先用木抹子均匀地搓打一遍,然后用铁抹子压光。

(3)回填土应当夯填密实,若地面以下回填土较深,还应做好房屋四周的地面排水,避免雨水灌入造成室内回填土沉陷。

(4)面积较大的水泥砂浆(或混凝土)楼地面,应从垫层开始设置变形缝。室内一般设置纵、横向伸缩缝,其间距和形式应符合设计要求。

(5)结构设计时应当尽量避免基础沉降量过大,特别要避免不均匀沉降;使用时应当防止局部地面集中堆荷过大。

(6)水泥砂浆(或混凝土)面层中掺用外加剂时,应当严格按规定控制掺用量,并且加强养护。

(7)铺设水泥砂浆面层前,应当认真检查基层表面的平整度,尽量使面层的铺设厚度一致;垫层或预制楼板表面高低不平时,应当用水泥砂浆或细石混凝土找平。松动的地沟盖板应当垫实,预制楼板板缝嵌得不实的应当做翻修处理。若由于局部需要埋设管道或铁件而影响面层厚度,则管道或铁件顶面至地面上表面的最小距离一般不小于10mm;并应在管道顶面设置防裂钢丝网片,如图7-3所示。当$L>400$时,应用钢丝(板)网。

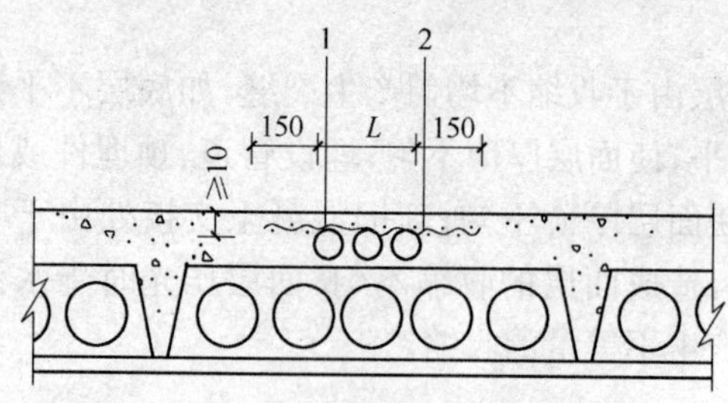

图7-3 管道顶面设置防裂钢丝(板)网片

1. 管道 2. 钢丝(板)网

忌 12　水泥砂浆面层出现空鼓

[分析]

(1)基层或垫层未清理干净,或垫层不平整造成面层厚薄相差较多,严重影响面层与垫层或基层之间的粘结,产生空鼓。

(2)面层施工前,垫层未按要求湿润或湿润过分造成积水,铺设面层时,造成面层与垫层之间隔离,产生空鼓。

(3)炉渣垫层的质量不好。

[措施]

(1)严格按照要求清理垫层表面的浮灰、油渍、浆膜及其他有碍面层与垫层之间粘结的污物,并冲洗干净。严格控制垫层的平整度,以保证面层厚薄一致。施工前1～2d浇水湿润。

(2)铺抹水泥砂浆前,按要求刷素水泥浆结合层,水灰比以0.4～0.5为宜,随刷随铺水泥砂浆。

(3)房间边、角处空鼓或其他地方空鼓面积在0.1m^2以内且无裂缝者,一般不做修补,对人员活动比较频繁的部位或空鼓面积大于0.1m^2的地方应予以翻修。翻修的方法是将空鼓部分凿去,凿的面积应比空鼓面积稍大,四周凿成斜坡形,以便与周围坚实之处粘结牢固。空鼓部位底层表面适当凿毛,修补前用清水冲洗干净,刷水灰比0.4～0.5的素水泥砂浆一遍,然后用与原面层相同的水泥砂浆填补,分层抹压,终凝后及时用湿砂或湿草袋覆盖养护,严防产生早期收缩裂缝。

忌 13　水泥砂浆面层出现裂缝

[分析]

造成水泥砂浆面层出现裂缝的原因如下:

(1)原材料不合格。如水泥的安定性差,砂子过细等。

(2)砂浆的稠度过大或搅拌不均匀。

(3)砂浆抹压后,养护不及时或养护方法不当。

(4)基层变形。如预制构件板缝嵌缝不良,楼板砂浆不实,地基下沉,构件翘度过大或错位等。

［措施］

(1)使用材料必须符合质量要求。水泥强度不低于32.5级，中砂含泥量不超过3%。

(2)砂浆搅拌均匀，砂浆稠度不能过大，应控制在3.5cm以内。

(3)水泥砂浆抹压后，应在常温下湿润养护。养护时间，夏季宜在24h后，春秋季宜在48h后进行。最好是先铺一层锯木屑，后用喷壶洒水养护，养护时间不少于7d。

(4)加强基层的施工质量控制。预制楼板安装前必须坐浆，安装时横竖缝必须拨缝，空心板的堵头须严密，纵模缝灌浆时应振捣严密，并充分养护。

忌14　水泥砂浆拌合物的水灰比过大

［分析］

水泥砂浆拌合物的水灰比过大，虽然施工人员容易施工，但是砂浆的强度会因此降低。若施工时用水量过多，会降低面层砂浆的强度，施工中还将造成砂浆泌水，进一步地降低地面的表面强度，完工后经走动磨损，就会出现起灰现象。

［措施］

严格控制水灰比，用于地面面层的水泥砂浆稠度应不大于35mm，用混凝土和细石混凝土铺设地面时的坍落度应不大于30mm。垫层应预先充分湿润，水泥浆要涂刷均匀，冲筋间距应当控制在1.2m左右，边铺灰边用短杠刮平。混凝土面层应用平板振动器振实，细石混凝土应用辊子滚压，或者用木抹子拍打，使面层泛浆，用以保证面层的强度和密实度。

忌15　水泥地面起砂

［分析］

造成水泥地面粗糙起砂的原因如下：

(1)原材料不合格。过期或结块受潮的水泥活性差，影响地面层强度和耐磨性能。砂子过细，含泥量过大。

(2)水灰比过大使砂浆强度降低。施工用水量过多会降低面层砂浆的强度,还会造成砂浆泌水从而进一步降低地面表面强度,完工后走动起砂。

(3)工序安排不当。底层过干、过湿及压光过早,对面层砂浆的强度和耐磨能力很不利。压光过迟也将大大降低面层砂浆的强度和耐磨能力。

(4)养护不适当。水泥的水化作用必须在潮湿环境才能进行。如果不养护或养护天数不够,则减缓硬化速度,会使水泥砂浆脱水而影响强度抗磨能力。地面抹好后不到24h就养护,也会造成大面积脱皮和砂粒外露,使用后就起砂。

(5)水泥地面未达到足够强度人就走动或进行下道工序,使表面遭受破坏,易造成地面起砂。

(6)冬季施工水泥受冻,粘结力被破坏形成松散颗粒,人走动也会起砂。

[措施]

(1)严格控制水灰比,稠度适当。

(2)掌握好面层的压光时间,水泥地面压光不少于3遍。

(3)合理养护。水泥地面压光后,一般在一昼夜后进行洒水养护或用草帘、锯末覆盖后洒水养护,养护时间不少于7d,矿渣水泥不少于10d。

(4)合理安排施工时间,避免上人过早。

(5)防止低温条件下抹水泥地面,避免受冻。

(6)水泥宜采用普通硅酸盐水泥,强度应不低于32.5级,因其安定性较好,过期、受潮的水泥不得使用。砂子宜采用中砂,含泥量不大于3%。

(7)采用无砂水泥地面,所用米石的配比为水泥∶米石=1∶2,稠度应控制3.5cm以内,这种地面不易起砂。

忌16 水泥地面在冬季施工时,保暖措施采取不当

[分析]

水泥地面在冬季低温施工时，门窗没有封闭或者没有供暖设备，容易受冻。水泥砂浆受冻后，强度将大幅度地下降，这是由于水在低温下结冰时体积将增加9%，解冻后不再收缩，使面层砂浆的孔隙率增大；骨料周围的一层水泥浆膜在冰冻后粘结力也被破坏，形成松散的颗粒，若有人走动便会起砂。

[措施]

(1)低温条件下抹水泥地面，应当防止早期受冻。抹地面前，应当将窗玻璃安装好，或者增加供暖设备，用以保证施工环境温度在5℃以上。

(2)采用炉火烤火时，应当设烟囱，有组织地向室外排放烟气。温度不宜过低，并且应当保持室内有一定的湿度。

(3)冬季施工若使用火炉采暖养护，炉子下面要架高，上面要吊铁板。

忌17　地面层压光时，没能掌握好压光时间

[分析]

压光工序安排不当，底面过湿或者过干，造成地面压光时间过早或者过迟。压光过早，水泥的水化作用刚刚开始，凝胶没有全部凝结，游离的水分比较多，虽经压光，表面还会出现水光(即压光后表面浮游一层水)，对面层砂浆的强度和抗磨能力很不利；压光过迟，水泥已经终凝硬化，不但操作困难，无法消除面层表面的毛细孔和抹痕，而且会扰动已经结硬的表面，也将降低面层的强度和抗磨能力。

[措施]

掌握好面层压光的时间。水泥地面的压光一般不少于三遍，每遍的具体施工操作如下：

(1)第一遍应当在面层铺设后立即进行，先用木抹子均匀地搓打一遍，使面层材料均匀、紧密、抹压平整，以表面不出现水层为宜。

(2)第二遍压光应当在水泥初凝后、终凝前完成(一般以上人时有轻微的脚印但是又不明显下陷为宜),将表面压实、压平整。

(3)第三遍压光主要是消除抹痕和闭塞的细毛孔,进一步地将表面压实、压光滑(时间应以上人时不出现脚印或脚印不明显为宜),但是切忌在水泥终凝后压光。

忌 18 预制楼板地面顺板缝方向裂缝

[分析]

(1)板缝嵌缝的质量差,预制楼板地面由预制楼板拼接而成,依靠嵌缝将单块预制楼板连接成一个整体,在荷载的作用下,各板可以协同工作。质量差的嵌缝将降低甚至丧失板缝协同工作的效果,成为楼面的一个薄弱部位。当某一板面上受到较大的荷载时,在一定的挠度变形情况下,会出现顺板缝方向的通长裂缝。

(2)对嵌缝作用认识不足,用石子、碎砖、水泥袋纸等杂物嵌塞缝底,再在上面浇混凝土,造成嵌缝上实下空,减小了板缝的有效断面,影响嵌缝的质量。

(3)嵌缝操作的时间安排不当,没有把嵌缝作为一道单独的操作工序,预制楼板安装后也没有立即进行嵌缝,而是在浇筑圈梁或者楼地面现浇混凝土时顺带进行,有的甚至在浇捣地面找平层或者施工面层时才进行嵌缝。因为上面各道工序的杂物、垃圾不断地掉到缝中,灌缝时又做不到认真的清理,常常导致嵌缝外实内空。

(4)嵌缝材料的选用不当,不是根据缝断面较小的特点选用水泥砂浆或者细石混凝土嵌缝,而是用浇捣梁、板的普通混凝土进行嵌缝,使大石子灌入小缝,形成上实下空的现象。

(5)预制构件侧壁几何尺寸不正确,有的预制板侧壁倾斜角度太小,难以进行嵌缝。

(6)嵌缝的养护不认真,嵌缝前板缝不浇水湿润,嵌缝后又不及时进行养护,造成嵌缝砂浆或者混凝土强度达不到质量要求。

(7)嵌缝后下道工序安排得过急,特别是一些砖混结构工程,常常在嵌缝完成后立即上砖上料准备砌墙，楼板受荷载后产生挠曲变形，而嵌缝混凝土强度尚低，使嵌缝混凝土与楼板之间产生缝隙，失去了嵌缝的传力效果。

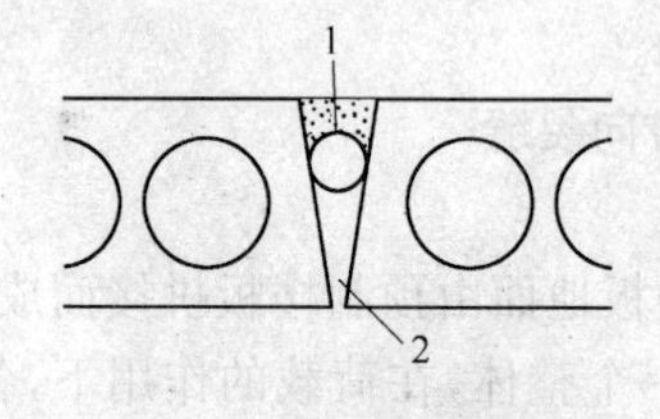

图 7-4 板缝敷管的错误做法

1. 管道 2. 浇灌不实的板缝

(8)在预制楼板上暗敷电线管时，一般沿板缝走线，若处理不当，将影响嵌缝的质量。板缝敷管的错误做法，如图 7-4 所示，管子嵌在板缝中，使嵌缝砂浆或者混凝土只能嵌在管子上面，管子下面形成空隙。楼板一旦负荷，会由于嵌缝错动而产生裂缝。

(9)预制构件刚度差，荷载作用下弹性变形大；或者构件预应力钢筋保护层和预应力值大小不一，同批构件的刚度有差别，刚度小的构件两侧容易出现裂缝。

(10)局部地面的荷载集中过大，也容易造成顺板缝裂缝。

(11)安装预制楼板时，两块楼板紧靠在一起，形成瞎缝。此外，因为安装时坐浆不实或者不坐浆，在上部荷载作用下，预制楼板常常发生下沉、错位，引起地面顺板缝方向裂缝。

[措施]

(1)必须重视和提高板嵌缝的质量，预制楼板搁置完成后，应当及时进行嵌缝，并根据拼缝的宽窄情况，采用不同的用料和操作方法。一般拼缝的嵌缝操作程序为：清水冲洗板缝→略干后刷水灰比为 0.4～0.5 的纯水泥浆→用水灰比约为 0.5 的 1∶2～1∶2.5 的水泥砂浆灌 20～30mm，捣实后再用 C20 细石混凝土浇捣至离板面 10mm，捣实压平→浇水养护。做面层时，缝内的垃圾应当认真清洗。嵌缝时留缝深 10mm，用以增强找平层与预制楼板的粘结力。宽的板缝浇混凝土前，应当在板底支模，过窄的板缝应当适当放宽，严禁出现瞎缝。

(2)严格的控制楼面施工荷载，砖块等各种材料应当分批上料，防止荷载过于集中。必要时，可在砖块下铺设模板，扩大和均匀地分布承压面。用塔吊垂直运输上料时，施工荷载常常超过楼板的使用荷载，所以必须在楼板下加设临时支撑，用以保证楼板的质量和安全生产。

(3)板缝中暗敷电线管时，应将板缝适当的放大，板底托起模板，使电线管道包裹在嵌缝砂浆和混凝土中，用以确保嵌缝的质量。板缝敷管的正确做法如图 7-5 所示。

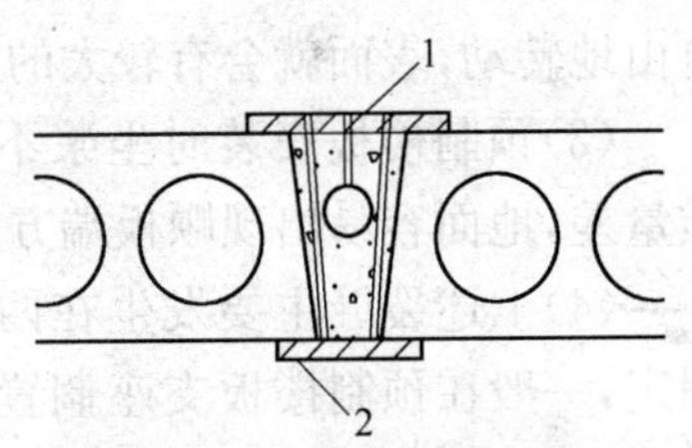

图 7-5　板缝敷管的正确做法

1. 铁丝　2. 模板

(4)改进预制侧边的构造，如采用键槽形式，能有效地提高嵌缝质量和传力效果。

(5)若预制楼板质量差，刚度不够，安装楼板后相邻板间出现高差，可以在面层下做一层厚约 30mm 的细石混凝土找平层，便可使面层厚薄一致，又能增强地面的整体作用，防止出现裂缝。

对面积较大或者楼面荷载分布不均匀的房间，在找平层中应当设置一层双向钢筋网片($\phi5$～$\phi6$mm，间距为 150～200mm)，用以防止地面出现裂缝。

(6)预制楼板安装时应当坐浆、搁平、安实，地面面层应在主体结构工程完成后施工。特别是在松软地基上施工的房屋，因为基础沉降时间较长，若在主体结构工程施工阶段就穿插做地面面层，则常常由于基础沉降而引起楼、地面裂缝。这种裂缝常常沿质量较差的板缝方向开裂，并形成面层不规则的裂缝。

(7)使用时应当严格防止局部地面集中荷载过大，若荷载集中，不仅容易使地面产生裂缝，还容易造成意外的安全事故。

忌 19　预制楼板地面顺楼板搁置方向裂缝

[分析]

(1)预制楼板在地面面层做好后具有连续性，当地面受荷后，跨中产生正弯矩而向下挠曲，板端(搁置端)产生负弯矩而上翘，使面层出现拉应力，造成沿板端方向裂缝。

(2)因为横隔墙荷载较大，因此横隔墙基础的沉降量也大。如地面面层施工较早，横隔墙受荷后出现沉降，使楼板在搁置端自由地转动，表面就会有较大的拉应力而产生裂缝。

(3)预制楼板安装时坐浆不实或者不坐浆，顶端接缝处嵌缝质量差，地面容易出现顺板端方向的裂缝。

(4)上述裂缝主要发生在两间以上的大房间，裂缝位置比较固定，一般在预制楼板支座搁置位置的正上方，预制楼板顺搁置端方向裂缝如图 7-6 所示。当走廊用小块楼板作横向搁置时，房间的门口也常常发生这种裂缝。这种裂缝一般出现较早，上宽下窄，上口宽度有的可达 3mm 以上。

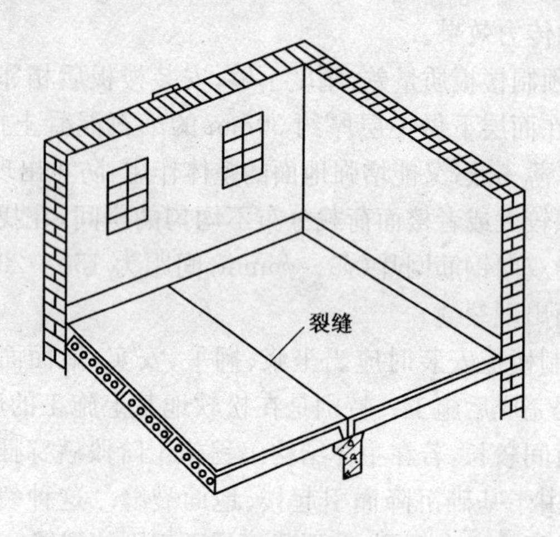

图 7-6 预制楼板顺搁置端方向裂缝

[措施]

(1)预制楼板搁置端应当设置防裂钢筋网片，如图 7-7 所示。钢筋网片的位置应当距面层上表面 15～20mm，并在施工中注意不被踩到下面。

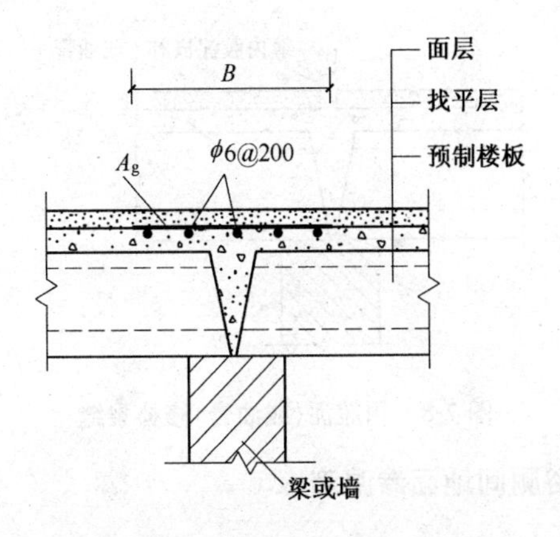

图 7-7 预制楼板搁置端设置防裂钢筋网片

(2)设计时应当尽量地使房屋基础均匀地沉降,避免支撑楼板的横隔墙沉降量过大而引起地面开裂。

(3)安装预制板时应当坐浆,搁置要平、实,嵌缝要密实。

(4)治理方法如下:

①当裂缝较细,楼面又无水或其他液体流淌时,一般可不做修补。

②当裂缝较细,但楼面常有水或其他液体流淌时,应进行修补。修补方法如下:

a. 当房间外观质量要求不高时,可用无齿锯锯一条浅槽,用环氧树脂或屋面用胶泥(或油膏)嵌补。锯槽应整齐,宽为 10mm,深为 20mm。嵌缝前应将缝清理干净,胶泥应填补平、实。用胶泥(或油膏)修补裂缝如图 7-8 所示。

b. 当房间外观质量要求较高时,可顺裂缝方向凿除部分面层(有找平层时一起凿除,底面适量凿),宽度为 1 000～1 500mm。用不低于 C20 的细石混凝土填补,并增设钢筋网片,构造配筋如图7-7 所示。

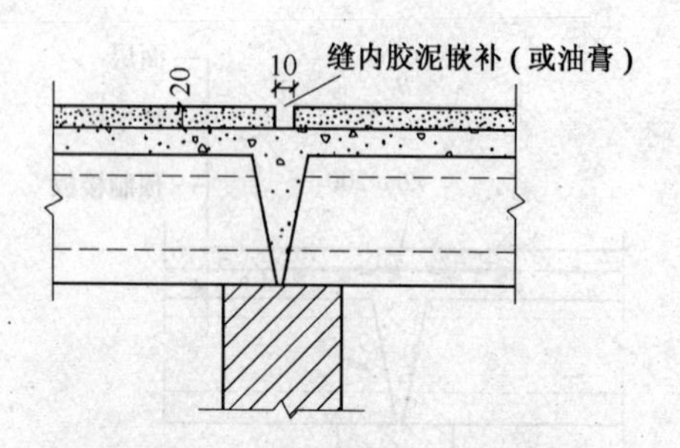

图 7-8 用胶泥(或油膏)修补裂缝

忌 20 浴厕间地面渗漏滴水

[分析]

(1)设计图纸要求不明确，如地面标高、地面坡度、地漏形式、防水要求等没有做具体的说明，施工人员没有认真进行图纸审查和研究，盲目地凭经验施工，造成差错。

(2)土建施工对浴厕间楼面混凝土浇筑质量不重视。管道的预留孔位置不正确，上下错位，导致安装管道时斩凿地面，增大预留孔洞的尺寸。补浇管道四周孔洞部分混凝土时，清洗不干净，浇捣不密实，浇捣后不重视养护，混凝土质量差或者有干缩裂缝等。地面坡度的设置不当，防水层施工不认真等。

(3)安装坐便器、浴盆等时，排水的预留标高不准，方向歪斜，上下接口不严，管道内掉入异物，管道支(托)架固定不牢，地漏设置粗糙等。

[措施]

(1)若设计图纸要求不明确，应当在图纸会审或者施工前与设计单位联系，达到明确图纸的质量要求。

(2)土建在施工中应当做好下述几点：

①重视浴厕间楼地面结构混凝土的浇筑质量，振捣密实，认真养护。

②楼面上预留的管道孔洞上下位置应当一致，防止出现较大

的偏差。

③管道安装好后，应当用细石混凝土认真地补浇管道四周洞口。混凝土强度等级应比楼面结构的混凝土高一级，并做好养护。

④认真进行防水层施工，施工结束后应当做蓄水试验（蓄水20～30mm，24h不渗漏为合格），合格后方可铺设地面面层。

⑤铺设地面前，应当检查找坡方向和坡度是否正确，保证地面的排水通畅。

(3)在安装时应当做好下述几点：

①坐便器在楼板上的排水预留口应当高出地面（建筑标高指地面完成后的标高）10mm，不可歪斜或者低于楼面。

②浴盆在楼面上的排水预留口应当高出地面10mm，浴盆的排水铜管应当插入不少于50mm。

③上下管道的接口缝隙内缠绕的油盘根应当捻实，并用油灰嵌填严密。

④排水道应用吊筋或者支（托）架固定牢固，排水横管的坡度应当符合要求，使排水畅通。

⑤安装过程中的敞口管口应当用临时堵盖封严，防止杂物掉入膛内。寒冷地区入冬结冻前，对还没有供暖的工程，应当将卫生器具存水弯内的积水排除干净或者采取其他的保护措施，避免冻裂管线。

⑥安装管道后，应当及时进行注水试压（用于上水管）和注水试验（用于下水管）。

⑦地漏安装的标高应当正确，地漏接口安装好地漏防水托盘后，仍应当低于地面20mm，用以保证满足地面的排水坡度。

忌21 带坡度地面逆向泛水

[分析]

(1)阳台（外走廊）、浴厕间的地面一般应当比室内地面低20～50mm，但是有时由于设计成一样平，施工时又疏忽，造成地面积水外流。

(2)施工前,地面标高找平弹线不准确,施工中没有按规定的泛水坡度冲筋、刮平。

(3)土建施工与管道安装施工不协调,或者中途变更管线的走向,使土建施工时预留的地漏不符合安装要求,安装管道时需要另行凿洞,造成泛水方向不对。

(4)浴厕间地漏安装过高,造成地漏四周积水。

[措施]

(1)阳台、浴厕间的地面标高设计应当比室内地面低 20～50mm。

(2)施工中应当首先保证楼地面基层标高的准确,抹地面前,以地漏为中心向四周辐射冲筋,找好坡度,用刮尺刮平。抹面时要注意不留洼坑。

(3)加强土建施工和管道安装施工的配合,控制施工中途变更,应进行施工交底,做到一次留置正确。

(4)水暖工安装地漏时,应当注意标高准确,可以稍低,但是不要超高。

忌 22 地面返潮

[分析]

(1)地面返潮一般发生在我国南方的梅雨季节,雨水多,温度高,湿度大。温度较高的潮湿空气遇到温度较低的地面时,容易在地表面产生冷凝水。地面表面温度愈低、地面愈光滑,返潮的现象愈严重。除地面返潮外,光滑的地面也会结露淌水。这种返潮的现象有季节性,一旦天气转晴,返潮的现象便会消失。

(2)地面常年性潮湿主要是由于地面的垫层、面层不密实,更没有设置防水层,地面下地基土中的水通过毛细管作用上升或者气态水向上渗透,使地面面层材料受潮。毛细水在各种不同土层中的上升高度极限差别比较大:粗、中砂为 0.3m,细砂为 0.5m,粉土为 0.8m,粉质黏土为 1.3m,黏土为 2m。这种地面返潮与土层中地下水位的高度有关,夏季地下水位上升,返潮现象比较严重,冬季地下水位下降时便有好转。

[措施]

(1)对季节性潮湿地面可以采取下述措施:

①在梅雨季节来临时,尽可能地防止潮湿的热空气与室内地面的接触,如尽量少开门窗,门口设置门廊、门套和门帘等。

②室内准备适量的吸湿剂或者吸湿机,将室内潮湿空气中的水分吸收掉。

③采用不太光滑的地面材料(如地面砖、缸砖等)铺设地面面层。面层表面的毛细孔有较强的吸湿作用,可以减轻地面表面的返潮程度。

(2)对于常年性潮湿的地面,应当从增强面层(包括垫层)的密实性、切断毛细水上升和气态水渗透等方面采取有效的措施。根据地面不同的防潮要求,通常采取下述措施:

①设置碎石或者煤渣、道砟垫层,可以阻止地下毛细水向上渗透,但是对阻止气态水向上渗透的作用较小。

②设置防潮隔离层,常用的防潮隔离层有热沥青涂刷层、沥青卷材防潮层、沥青砂浆和沥青混凝土防潮层等。这种防潮层对阻止地下毛细水上升和气态水向上渗透有较好的作用,但是造价比较高。

在农村建筑中,一般采用简易的做法,即直接将沥青油毡1~2层或者塑料薄膜2~3层铺设在夯实的素土垫层上,在上面做细石混凝土面层,价格比较低,而且操作简单,也有一定的防潮作用,但是使用年限比较短。夯实的素土垫层上表面应当平整、干燥,并且清扫干净。铺设油毡或者塑料薄膜时,搭接的宽度应当不小于100mm,当采用双层防潮时,应当纵横向铺设。浇筑混凝土面层时,应当严防损坏防潮层。

③采用架空式地面,即地面面层为各种预制板块或者各种陶土板、方砖等,面层与地基土层脱离,架设在砖墩或者地垄墙上。

为了加强防潮的效果，常常在面层板底（铺设前）涂刷一层热沥青，用以阻止气态水的渗透。架空板下的地基土应夯实，尽量避免土层中的潮气向板下空间渗透。架空空间一般不小于300mm。砖墩或者地垄墙顶面应当抹一层20mm厚的防水砂浆层，认真进行板缝嵌缝，使之密实。

忌23 地面边角处损坏

［分析］

（1）混凝土地面虽有较大的承载力，但是却有受力不均匀的缺点。由测试资料可知，混凝土地面的板中承载力最高，板边次之，板角处最弱。加肋后板边的承载力为板中承载力的65％左右，板角的承载力为板中承载力的45％左右。混凝土地面边角处是地面受力的薄弱部位，在地面受荷的作用下，常常发生翘曲变形和损坏。

（2）室外混凝土地面施工完成后，除了承受使用的荷载外，还将承受昼夜、寒暑的温度变化，这对混凝土板的边角处是最不利的，裂缝首先从混凝土地面的边角处产生。

（3）在寒冷地区冻胀性土层上铺设室外地面（包括台阶、散水等）时，没有设置防冻胀层，土层冻胀使地面冻裂，地面的边角处又是最容易冻裂的部位。

［措施］

（1）混凝土地面，特别是室外的混凝土地面，应当采取必要的加强措施，用以提高地面边角处的承载能力，使地面各部位的承载力趋于均衡，有效地防止板边和板角处的翘曲或者损坏。常用的加强措施有下述几种：

①加肋：是最简单的加强措施，室外工程加肋构造如图7-9所示，车间内车道边缘加肋如图7-10所示。

②加筋：地面边角处加筋也是一种简单而有效的加强措施。加筋后，能将局部的集中荷载向周围扩散，防止边角处由于瞬间荷载过大而损坏。加筋有单层筋和双层筋两种，应当根据地面的厚度选用。室外混凝土地面边角处加筋如图7-11所示。

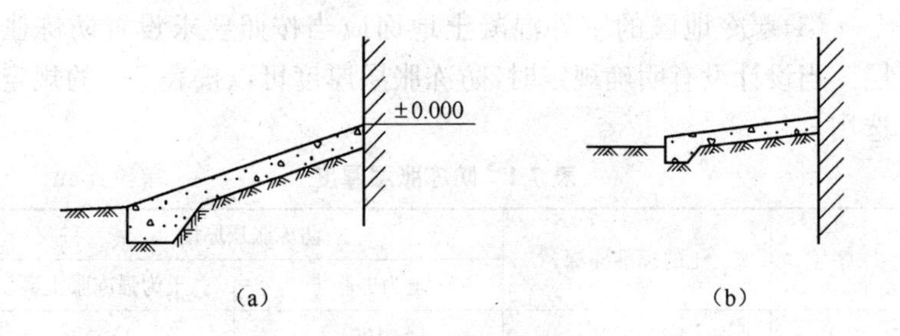

图 7-9 室外工程加肋构造

(a)斜坡 (b)散水坡

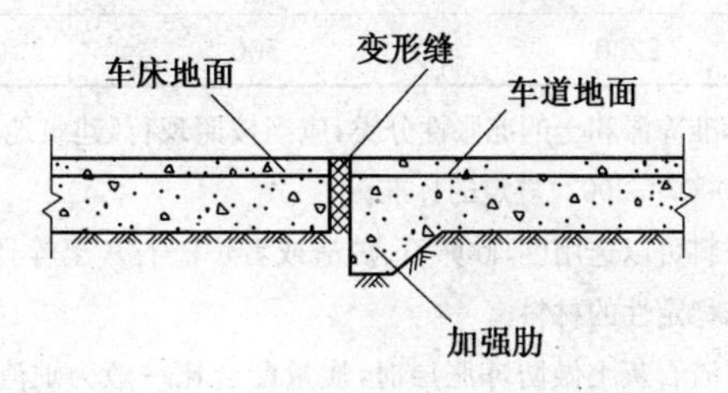

图 7-10 车间内车道边缘加肋

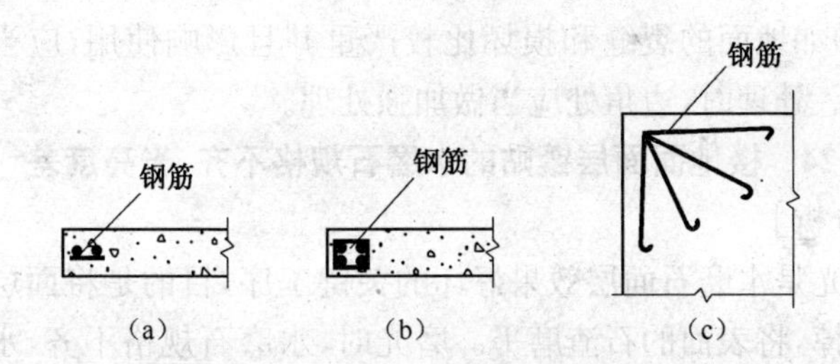

图 7-11 室外混凝土地面边角处加筋

(a)单层布筋 (b)双层布筋 (c)板角布筋

③同时加肋、加筋：当混凝土地面厚度较小时，边角处常采用既加肋又加筋的加强措施。

(2)室外混凝土地面应当按照施工验收规范要求设置伸缩缝。

(3)寒冷地区的室外混凝土地面应当按照要求设置防冻胀层。当设计没有明确规定时，防冻胀层厚度可以按表 7-1 的规定选用。

表 7-1 防冻胀层厚度 单位：mm

序号	土的标准冻深	防冻胀层厚度	
		土为冻胀土	土为强冻胀土
1	600～800	100	150
2	1200	200	300
3	1800	350	450
4	2200	500	600

注：1. 土的标准冻深和土的冻胀性分类，应当按照现行《建筑地基基础设计规范》(GB 50007—2002)规定的标准。

2. 防冻材料可以选用砂、砂卵石、炉渣或者炉渣石灰土等具有较好水稳定性和冰冻稳定性的材料。

3. 采用炉渣石灰土做防冻胀层时，质量配合比一般为炉渣∶素土∶熟化石灰＝7∶2∶1，压实系数应不小于 0.95，而且冻前龄期应当大于 1 个月。

(4)如地面的裂缝和损坏比较严重并且影响使用，应当做翻修处理。处理时，边角处应当做加强处理。

忌 24 楼地面面层镶贴的水磨石规格不齐，光亮度差

［分析］

磨光是水磨石面层效果好坏的关键工序，目的是将面层的水泥浆磨掉，将表面的石渣磨平。磨光时，水磨石规格不齐，水磨石地面的磨光遍数一般应不少于三遍。第一遍应用粗金刚石砂轮磨，作用是磨平磨匀，使分格条和石子清晰外露，但会留下明显的磨石凹痕。第二遍只用细金刚石砂轮磨，作用是磨去第一遍磨光后留下的磨石凹痕，将表面磨光。第三遍应用更细的金刚石砂轮或油石磨，将表面进一步磨光滑。但在施工中，金刚石砂轮的规格往往不齐，对第二遍、第三遍的磨石要求不够重视，只要求石子、分格条显露清晰，而忽视了对表面光亮度的要求。

[措施]

(1)磨光。

①掌握好开磨时间。开磨时间与水泥强度和气温有关,以开磨后石粒不松动、水泥浆面与石粒面基本平齐为准。表7-2列出的开磨时间可作参考。

表7-2 开磨时间参考

平均温度(℃)	开磨时间(d)	
	机磨	人工磨
20～30	3～4	1～2
10～20	4～5	1.5～2.5
5～10	6～7	2～3

②一般水磨石面层机磨时应做到“二抹三磨”。

a. 面层试磨符合要求后进行第一遍粗磨,用60～90号粗磨石,边磨边加水冲洗,并用2m靠尺检查平整度。磨完应达到浆层磨透、磨平,石粒均匀外露,分格条全部露出,整个表面基本平整。第一次磨光后,将表面冲洗干净补上一次浆,用以填补砂眼,如有个别掉粒应仔细补好,涂抹后次日应洒水养护2～3d,再进行第二次研磨。

b. 第二遍为细磨,用90～120号“细磨石”,研磨的方法同第一次。第二次研磨主要是消去磨痕,磨至光滑。磨光后再补上一次浆,养护2～3d,进行第三次研磨。

c. 第三遍为磨光,用200号油石,目的是将面层磨光滑、无砂眼细孔,并要求石粒显露鲜明均匀。在边角处可使用小型湿式磨光机研磨,机械无法研磨的地方应采用手工研磨。

(2)抛光。抛光是最后一道工序,通过抛光对表面进行最后加工,以使水磨石面层达到规定的验收标准,抛光的工序为酸洗研磨和上蜡。

①酸洗。是用草酸和氧化铝加水后的混合溶液作用于水磨

石表面，对表面有轻度的腐蚀和填补作用。表面突出部分受到腐蚀，其腐蚀生成物又被挤压到表面的凹陷部位，使水磨石表面形成光泽膜，经打蜡保护，使水磨石表面呈现出光泽。

酸洗的具体方法是待室内工程全部完成后，清理锯末并冲洗干净，擦草酸溶液(浓度为10%，并加入1%～2%的氧化铝)，随即用油石研磨，此法施工一般可达到要求的光洁度。如感观不足，可在地面浇上草酸溶液后，用布卷固定在磨石机上代替油石进行研磨，研磨完后用水冲洗干净，晾干，准备上蜡。

②上蜡。目的是使水磨石表面更加光亮美观，并保护水磨石表面。上蜡的方法是在面层上薄薄地涂一层蜡，稍干后用扎上麻布或细帆布的磨石机研磨几遍，直至光滑亮洁。

(3)缺陷治理方法。

①如经过磨光、抛光的水磨石地面表面仍粗糙、光亮度差，或出现片片斑痕，应重新用细金刚石砂轮或油石打磨一遍，打磨后重新擦草酸溶液，再用清水冲洗，晾干后再打蜡，直至表面光亮为止。

②如水磨石地面洞眼较多，应重新用擦浆法补一遍，直至打磨后消除洞眼为止。

忌25 分格条粘贴方法不正确

[分析]

(1)分格条粘贴操作方法不正确。水磨石地面厚度一般为12～15mm，常用石子粒径为6～8mm，因此在贴分格条时，应特别注意砂浆的粘贴高度和水平方向的角度。分格条砂浆粘贴过高，如图7-12所示，有的甚至把分格条埋在砂浆里，在铺设面层水泥石子浆时，石子不能靠近分格条，磨光后，分格条两边没有石子，出现一条纯水泥斑带，俗称癞子头，影响美观。

(2)分格条在十字交叉处粘贴方法不正确，砂浆过多过满，不留空隙，如图7-13所示，在铺设面层水泥石子浆时，石子不能靠近分格条的十字交叉处，周围形成一圈没有石子的纯水泥斑痕。

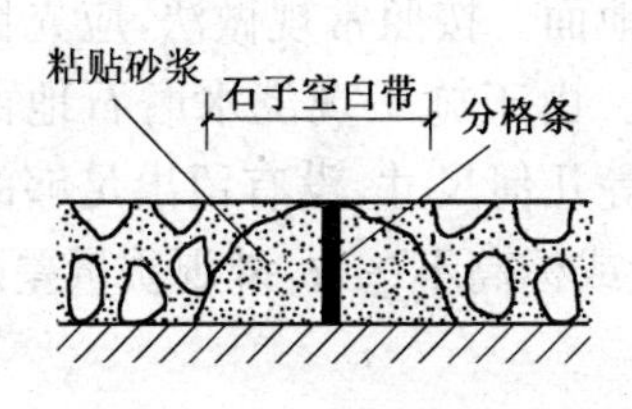

图 7-12　分格条砂浆粘贴过高

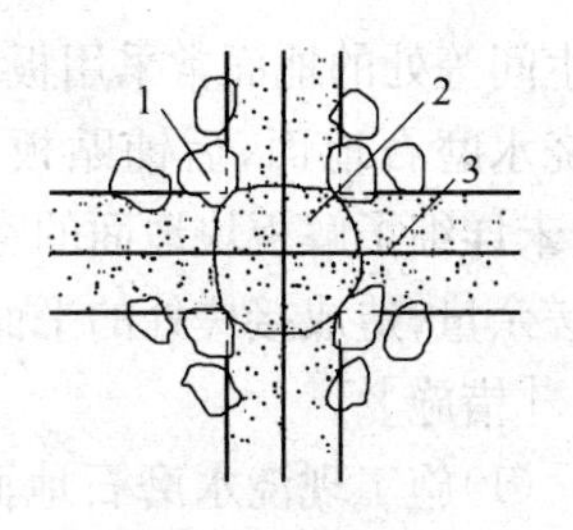

图 7-13　分格条十字交叉处砂浆过多过满

1. 石子　2. 无石子区　3. 分格条

[措施]

(1)正确掌握分格条两边砂浆的粘贴高度和水平方向的角度。正确的粘贴方法如图 7-14 所示,并应粘贴牢固。

(2)分格条在十字交叉处粘贴砂浆时,应留出 15～20mm 的空隙,如图 7-15 所示。在铺设面层水泥石子砂浆时,石子能靠近十字交叉处,磨光后,石子显露清晰,外形也较美观。

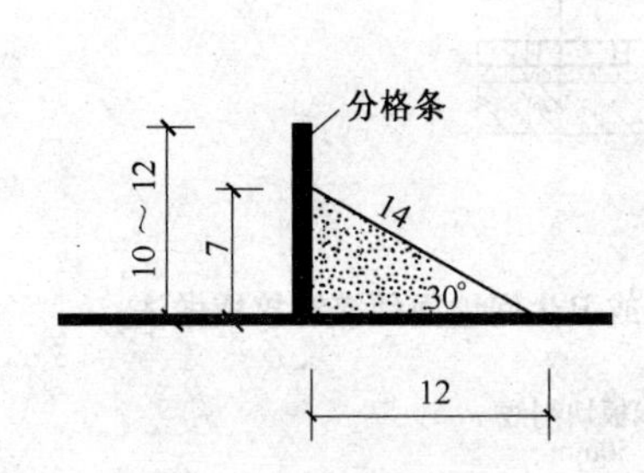

图 7-14　正确粘贴分格条两边砂浆的方法

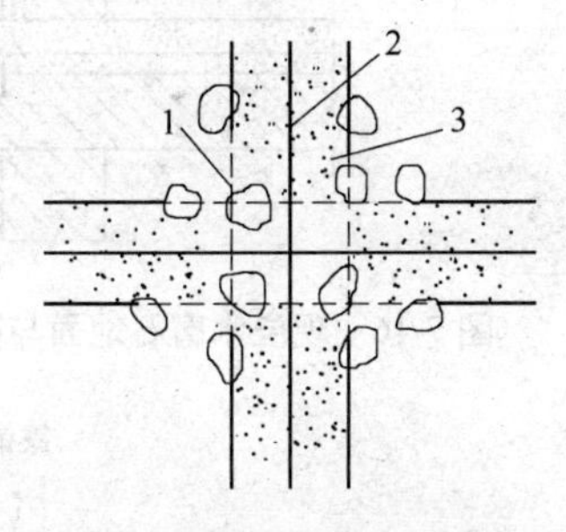

图 7-15　正确粘贴分格条十字交叉处的方法

1. 石子　2. 分格条　3. 砂浆

忌 26　地面接槎处不严密

[分析]

建筑物室内常采用现浇水磨石地面,而楼梯间、走廊、阳台、卫生间等处的地面常采用板块铺设地面。按照常规做法，应先做现浇水磨石地面，后铺贴板块地面。由于施工现浇水磨石地面时，未详细了解板块地面的宽、厚度等几何尺寸，没有留出足够的接槎余量，造成接槎处的平面不合缝或标高不一致，外观质量差。

［措施］

(1)施工现浇水磨石地面前，应对相邻部位地面的做法进行详细了解，事先制定一个较完善的接槎措施。

(2)铺设现浇水磨石地面的水泥石子浆时，在接槎处应留30～50mm 的接槎余量，端部甩槎处用带坡度的挡板留成反槎。现浇水磨石地面与阳台或卫生间地面邻接时、与楼梯踏步邻接处的接槎做法如图 7-16 和图 7-17 所示。到铺贴相邻部位板块地面时，用无齿锯锯掉多余的接槎余量，这样拼接的缝就能合缝严密。

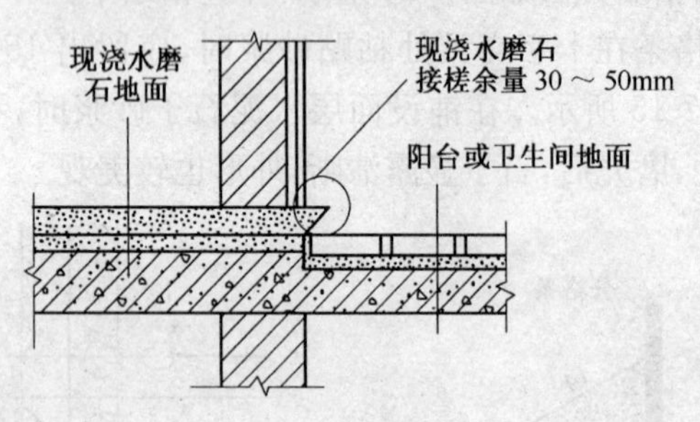

图 7-16 现浇水磨石地面与阳台或卫生间地面邻接时接槎做法

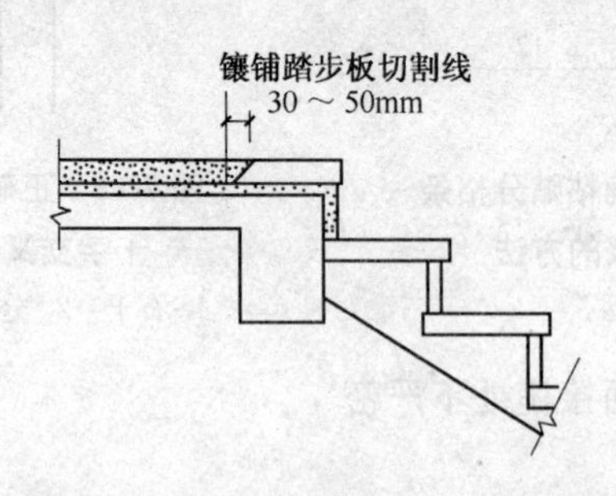

图 7-17 现浇水磨石地面与楼梯踏步邻接时接槎做法

(3)用无齿锯锯割时,动作要轻、细,防止米石崩裂,造成豁口等缺陷。锯割完成后,应用200号以上细砂轮将棱角处和切割面蘸水磨光、磨亮。

(4)铺设邻接处的板块地面时,应将结合处清理干净,并充分洒水湿润,涂刷水泥浆,使其结合牢固。铺设后,应做好成品保护,防止过早踩踏,造成松动等。

8　饰面砖和饰面板面层铺设

宜

(1)铺贴时宜采用1∶3或1∶4干硬性水泥砂浆，水泥砂浆表面要求拍实并抹成毛面。

(2)当紧密铺贴时宜小于1mm，当虚缝铺贴时一般为5～10mm。

(3)铺贴前应进行排砖。根据房间的净宽和净长，按地砖规格计算两个方向各需要的块数。房间中非整砖宜铺在不显眼的墙边，走道中非整砖宜铺在走道两边，两边的非整砖尺寸一样。

(4)整个施工操作应连续作业，宜在5～6h内完成，防止水泥砂浆结硬。冬季低温时，可适当延长操作时间。

(5)按灰饼在房间四周冲筋，房间中间的冲筋间距一般以1.0～1.5m为宜。

(6)铺贴陶瓷锦砖地面，一般采用退步法为宜，也可站在已铺好锦砖的垫板上，顺序向前铺贴。

(7)宜用喷壶浇水，已铺贴的缸砖面层浇水前后均须进行拍实、找平、找直工作。

(8)铺贴前，大理石板宜先用水湿润，阴干后擦去背面浮灰再使用。

(9)大理石板楼地面缝宽为1mm。

(10)碎拼大理石地面规格尺寸以选250～300mm为宜，占70%～80%，其间填以较小块料。

(11)塑料板块在铺贴前，应做预热和除蜡处理，软质聚氯乙烯板的预热处理，一般宜放进温度为75℃左右的热水中浸泡10～

20min,使板面全部松软伸平后取出晾干待用,但不得采用炉火或电炉预热。

(12)塑料板块在粘贴前应先在地面上根据设计分格尺寸进行弹线,分格尺寸一般不宜超过90cm。

忌

忌1 饰面砖粘贴前基层处理不当

[分析]

粘贴饰面砖须先做找平层,找平层的质量是保证饰面层粘贴质量的关键,而基层处理是做好找平层的前提。

由于基层清理不干净或太光滑,或基层自身材料强度低,干缩变形开裂(轻质墙体尤为多见),会造成墙面水泥砂浆找平层与基层粘结不牢,成为"两张皮",用小锤轻击检查,有响鼓声。随着时间推移,找平层空鼓范围可能逐渐扩大,导致找平层连同面砖成片脱落,影响饰面工程质量和人身安全。

[措施]

(1)混凝土基体表面处理。当基体为混凝土时,先剔凿混凝土基体上的凸出部分,使基体基本达到平整、毛糙,然后刷一道界面剂,在不同材料的交接处或表面有孔洞处,须用1∶2或1∶3水泥砂浆找平。填充墙与混凝土地面结合处还应用钢板网压盖接缝,射钉钉牢。

(2)加气混凝土砌块墙表面处理。应在基体清理干净后先刷界面剂一道,为保证块料粘贴牢固,再满钉丝径0.7mm、孔径32mm×32mm或以上的机制镀锌钢丝网一道。用直径为6mm的U形钉固定,钉距应不大于600mm,梅花形分布。

(3)砖墙表面处理。基体为砖砌体时应用錾子剔除砖墙面多余灰浆,然后用钢丝刷清除浮土,并用清水将墙体充分湿润,湿润深度为2～3mm。

(4)在处理基体表面的同时，须将穿墙洞眼封堵严实。尤其是光滑的混凝土表面须用钢钎或扁錾凿毛处理，使表面粗糙。打点凿毛应注意以下两点：

①受凿毛面积应大于或等于70%(即每平方米打点200个以上)，绝不能象征性地打坑。

②凿点后应清理凿点面，由于凿打中必然产生凿点局部松动，产生碎屑，因此，必须用钢丝刷清洗一遍，并用清水冲洗干净，防止产生隔离层。

忌2　釉面砖出现变色、被污染

[分析]

(1)浸泡釉面砖使用的水浑浊不清，并带有多种杂质。

(2)使用的水泥砂浆同釉面砖的颜色相差较大。

(3)施工结束后，未及时清理釉面砖表面，或清理不干净。

[措施]

(1)在施工过程中，浸泡釉面砖应用洁净水，粘贴釉面砖的砂浆应使用干净的原材料进行拌制；粘贴应密实，砖缝应嵌塞严密，砖面应擦洗干净。

(2)釉面砖粘贴前一定要浸泡透，将有隐伤的挑出。尽量使用和易性、保水性较好的砂浆粘贴。操作时不要用力敲击砖面，防止产生隐伤，并随时将砖面上的砂浆擦洗干净。

(3)粘贴完毕后，应用棉纱将砖面灰浆拭净，同时用与饰面砖颜色相同的水泥(彩色面砖应加同色颜料)嵌缝，嵌缝中务必注意应全部封闭缝中粘贴时产生的气孔和砂眼。嵌缝后，应用棉纱仔细擦拭干净污染的部位。如饰面砖砖面污染严重，可用稀盐酸刷洗后再用清水冲洗干净。

忌3　内墙饰面砖出现空鼓、脱落

[分析]

(1)基层处理不干净，墙面浇水未浇透。

(2)在粘贴前未充分浸水，干砖粘贴上墙后吸收砂浆中的水分，致使砂浆中水泥不能完全水化，造成粘贴不牢或面砖浮滑。

(3)内墙饰面砖粘结砂浆过厚或过薄。

(4)粘结后未进行压实操作，误认为不脱落即粘结牢固。

[措施]

(1)基层清理干净，表面修补平整，墙面洒水湿透。

(2)面砖使用前，必须清洗干净，用水浸泡到面砖不冒气泡为止，且不少于 2h，然后取出，待表面晾干后方可粘贴。

(3)面砖粘结砂浆厚度一般控制在 7～10mm 之间，过厚或过薄均易产生空鼓。必要时使用掺有水泥质量 3%的 108 胶水泥砂浆，以使粘结砂浆的和易性和保水性较好，并有一定的缓凝作用，不但可以增加粘结力，而且可以减少粘结层的厚度，校正表面平整和拨缝时间可长些，以便于操作，并易于保证粘贴质量。

(4)当采用混合砂浆粘结层时，粘贴后的釉面砖可用灰匙木柄轻轻敲击；当采用 108 胶聚合物水泥砂浆粘结层时，可用手轻压，并用橡皮锤轻轻敲击，使其与底层粘结密实牢固。凡遇粘结不密实，应取下重贴，不得在砖口处塞灰。

(5)面砖墙面有空鼓和脱落时，应取下面砖，铲去原有粘结砂浆，采用 108 胶聚合物水泥砂浆粘贴修补。

忌 4　内墙饰面砖接缝不平直、缝宽不一致

[分析]

(1)选择的饰面砖材质、尺寸、颜色不同，并存在缺陷，同一房间内使用的规格不一致，不仅造成接缝不平直，缝宽不一致，更加影响观感。

(2)粘结前，未做好规矩、弹线和分格。

(3)饰面砖未一次粘结平直，在粘结砂浆上左右移动。

[措施]

(1)挑选面砖的材质作为一道工序要严格执行，应将色泽不同的瓷砖分别堆放，挑出翘曲、变形、裂纹、面层有杂质缺陷的面砖。同一尺寸的面砖应用在同一房间或同一面墙上，以做到接缝均匀一致。

(2)粘贴前做好规矩,用水平尺找平,校核墙面的方正,算好纵横皮数,划出皮数杆,定出水平标准。以废面砖贴灰饼,划出标准,灰饼间距以靠尺板够得着为准,阳角处要两面抹直。

(3)对要求面砖贴到顶的墙面应先弹出顶棚边或龙骨下标高线,确定面砖粘贴上口线,然后从上往下按整块饰面砖的尺寸分划到最下面的饰面砖。当最下面砖的高度小于半块砖时,最好重新分划,使最下面一层面砖高度大于半块砖。排砖划分后,可将面砖多出的尺寸伸入到吊顶内。

(4)弹竖向线最好从墙面一侧端部开始,以便将不足模数的面砖粘贴于阴角或阳角处。弹线分格如图 8-1 所示。

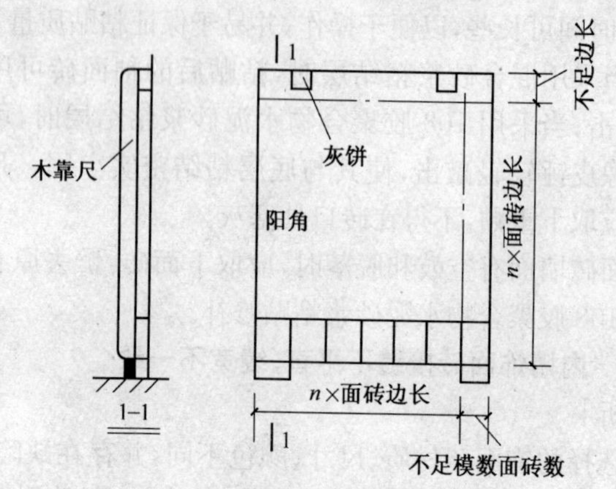

图 8-1 饰面砖弹线分格示意图

(5)根据弹好的水平线稳稳放好平尺板,作为粘贴第一行面砖的依据,由下向上逐行粘贴。每贴好一行面砖应及时用靠尺板横、竖向靠直,偏差处用灰匙木柄轻轻敲平,及时校正横、竖缝使之平直,严禁在粘贴砂浆收水后再进行纠偏移动。

忌 5 陶瓷锦砖粘结不牢

[分析]

(1)水泥砂浆找平层抹完硬化后没有立即铺陶瓷锦砖,如其他工种又在找平层上进行作业，会影响砂浆的强度，又由于找平层被污染而影响陶瓷锦砖铺贴后与找平层之间的粘结力，造成陶瓷锦砖粘结不牢。

(2)铺贴陶瓷锦砖是将整张的锦砖贴在约2mm厚的水泥浆粘结层上，然后用拍板拍实，容易造成陶瓷锦砖位移或者没有粘牢而脱落，所以在刷水揭纸后必须进行拨缝修整。

[措施]

(1)找平层抹好24h后或抗压强度达到1.2MPa后，立即铺陶瓷锦砖。

(2)揭纸后及时地检查缝是否顺直、均匀，及时用小靠尺比着瓦刀轻轻地将其拨顺直，并立即将已拨的锦砖颗粒用木板拍实，同时粘贴补齐已经脱落的陶瓷锦砖颗粒。以上的拨缝工序必须在水泥浆粘结层终凝前完成。

忌6 铺贴陶瓷锦砖前，未在找平层上进行找中和找方

[分析]

铺贴陶瓷锦砖前，没有根据空间的大小在找平层上进行找中、找方并进行弹线，陶瓷锦砖铺贴后，会出现前后左右不对称的现象，影响面层的美观。

[措施]

找平层抹好24h或者抗压强度达到1.2MPa后，应在找平层上测量房间内的长宽尺寸，并在房间中心弹十字控制线。根据设计要求的图案结合陶瓷锦砖每联尺寸，计算出铺贴的块数，不是整张的应当铺在边角处，不能贴在明显的部位。

忌7 铺贴陶瓷锦砖面层空鼓

[分析]

(1)粘结在基层上的浆皮、混凝土落地灰、油污等若不清理干净，铺贴砖面层后，容易造成面层的空鼓、粘结不牢。

(2)铺贴陶瓷锦砖在厂内存放和运输的过程中，表面有浮土，铺砌时若不将浮土冲掉，会影响砖板块与砂浆层的粘结力。干燥

的砖背面很容易吸收砂浆中的水分，容易产生空鼓现象。

(3)铺贴陶瓷锦砖时，一般用水泥砂浆做粘结层，水泥在潮湿的环境中硬化比较快，粘结强度高，若不进行洒水养护，砂浆中的水泥容易产生收缩而导致面砖空鼓。

(4)砖面层铺完后就有人在上面走动，会影响砂浆的粘结力，造成砖面层的松动空鼓。

[措施]

(1)将基层上的杂物清理干净，并用錾子剔掉混凝土(或砂浆)、落地灰，用钢丝刷刷净浮浆皮，若有油污，应用10%的火碱水刷洗，并用清水及时将基层上的碱液冲净。

(2)铺砌地面的前一天，应将砖板块放入桶中浸水湿润，晾干后表面没有明水时，再进行铺砌。

(3)铺完砖板块24h后要进行洒水养护，时间不少于7d。养护期间禁止上人走动。

忌8 锦砖饰面不平整，缝格不顺直、不均匀

[分析]

(1)锦砖单块尺寸小，砖缝多如密网，有单块之间的接缝，还有联与联之间的接缝。每联之内，有十几个甚至几十个锦砖单块，如果材料尺寸偏差较大，缺棱掉角多(尤其是玻璃马赛克)，线路宽度不均匀、不顺直，如果已在工厂定形，则现场不能改变，揭纸之后再拨正砖缝的难度很大，而且效果也未必好。

现场粘贴时，联与联之间的接缝宽度必须等同线路(每联内锦砖单块之间的接缝称“线路”)，否则，联与联之间也会出现砖缝大小不均匀、不顺直现象。

(2)锦砖单块尺寸小，粘结层厚度小(陶瓷马赛克一般以3～4mm，玻璃马赛克一般以4～5mm为宜)，每次粘贴一联，如果找平层表面平整度和阴阳角方正偏差稍大，一张牛皮纸上十几块或数十块单块就不易调整找平，产生不平整现象。如果用增加粘结层厚度来找平面层，则由于粘结层砂浆厚薄不一，饰面层很难拍

平，同样会产生不平整现象。玻璃马赛克材料脆性大，若多拍则容易拍碎。

(3)砖块编排无专项设计，盲目施工；施工标线不准确或间隔过大；施工偏差过大，引起分格缝不均匀。

(4)玻璃马赛克表面有光泽，反光性能好，若粘贴平整度差，反射的光线零乱，在阳光照射下会更显得墙面不平整。

(5)脚手架步距过大，头顶部位操作困难，视角有限，或间歇施工缝留在大横杆附近，接缝时操作、视线更困难，易造成联与联之间接缝宽度不均匀、不顺直等情况。

[措施]

(1)锦砖进场后，其几何尺寸偏差必须符合《陶瓷马赛克》(JC/T 456—2005)的规定，抽样检验不合格者坚决退货。

单块陶瓷马赛克尺寸允许偏差应符合表8-1的规定。

表8-1 单块陶瓷马赛克尺寸允许偏差 单位：mm

项目	允许偏差	
	优等品	合格品
长度和宽度	±0.5	±1.0
厚度	±0.3	±0.4

每联陶瓷马赛克尺的线路、联长的尺寸允许偏差应符合表8-2的规定。

表8-2 每联陶瓷马赛克尺的线路、联长的尺寸允许偏差

单位：mm

项目	允许偏差	
	优等品	合格品
线路	±0.6	±1.0
联长	±1.5	±2.0

注：特殊要求由供需双方商定。

最大边长不大于25mm的陶瓷马赛克外观质量的允许值范围，如表8-3所示。

表 8-3 最大边长不大于 25mm 的陶瓷马赛克外观质量的允许值范围

缺陷名称	表示方法	单位	缺陷允许范围				备注
			优等品		合格品		
			正面	背面	正面	背面	
夹层、釉裂、开裂			不允许				
斑点、粘疤、起泡、坯粉、麻面、波纹、缺釉、橘釉、棕眼、落脏、溶洞			不明显		不严重		
缺角	斜边长	mm	<2.0	<4.0	2.0～3.5	4.0～5.5	正背面缺角不允许在同一角部 正面只允许缺角 1 处
	深度		不大于砖厚的 2/3				
缺边	长度	mm	<3.0	<6.0	3.0～5.0	6.0～8.0	正背面缺边不允许出现在同一侧面 同一侧面边不允许有 2 处缺边；正面只允许有 2 处缺边
	宽度		<1.5	<2.5	1.5～2.0	2.5～3.0	
	深度		<1.5	<2.5	1.5～2.0	2.5～3.0	
变形	翘曲		不明显				
	大小头		0.2		0.4		

最大边长大于 25mm 的陶瓷马赛克外观质量的允许范围，如表 8-4 所示。

表 8-4 最大边长大于 25mm 的陶瓷马赛克外观质量的允许值范围

缺陷名称	表示方法	单位	缺陷允许范围				备注
			优等品		合格品		
			正面	背面	正面	背面	
夹层、釉裂、开裂			不允许				
斑点、粘疤、起泡、坯粉、麻面、波纹、缺釉、橘釉、棕眼、落脏、溶洞			不明显				不严重

续表 8-4

缺陷名称	表示方法	单位	缺陷允许范围				备注
			优等品		合格品		
			正面	背面	正面	背面	
缺角	斜边长	mm	<2.3	<4.5	2.3～4.3	4.5～6.5	正背面缺角不允许在同一角部 正面只允许缺角1处
	深度		不大于砖厚的2/3				
缺边	长度		<4.5	<8.0	4.5～7.0	8.0～10.0	正背面缺边不允许出现在同一侧面 同一侧面边不允许有2处缺边；正面只允许2处缺边
	宽度		<1.5	<3.5	1.5～2.0	3.0～3.5	
	深度		<1.5	<2.5	1.5～2.0	2.5～3.5	
变形	翘曲		0.3		0.5		
	大小头		0.6		1.0		

(2)施工前应对照设计图纸尺寸，核实结构实际偏差情况，根据排砖模数和分格要求，绘制出施工大样图。按照大样图，对各窗心墙、砖垛等处先测好中心线、水平线和阴阳角垂直线，贴好灰饼，对不符合要求、偏差较大的部位，要预先剔凿修补，防止发生分格缝留不均匀或阳角处不够整砖情况。抹找平层要确保平整，阴阳角要方正，抹完后划毛并浇水养护。

(3)抹找平层后，应根据大样图在找平层上从上到下弹出每一联锦砖的水平和垂直控制线，联与联之间的接缝宽度应与"线路"宽度相等。

(4)粘贴时，根据已弹好的水平线稳好平尺板，刷素水泥浆结合层一遍，随即抹 2～3mm 厚粘结砂浆，同时将锦砖铺放在特制木板上，缝里灌 1∶2 水泥干砂面，刷去表面涂砂后，薄薄涂上一层粘结砂浆，然后拿起平尺板上口，由下往上往墙上粘贴，每张之间缝要对齐。

(5)粘贴后，用拍板靠放上后用小锤敲击拍板、满敲均匀，使面层粘结牢固和平整，然后刷水揭去护纸，检查砖缝平直、大小情况，将弯矩的缝用开刀拨正调直，再用拍板拍平一遍，直到表面平整为止。

(6)为方便操作，脚手架步距应不大于1.8m，粘贴时的间歇施工缝宜留设在脚手板面约1.0m高的部位。

忌9 瓷质地面砖出现裂缝

[分析]

瓷质地面砖的性质同玻璃一样，是一种脆性材料，它的抗折强度仅为抗压强度的1/6～1/8。如果铺贴不注意，把它贴铺在易变形的结构部位，就很易出现断裂。分析原因如下：

(1)在楼(地)面门口处，当楼板垂直于门口铺放时，楼板端实际处于空载状态，由于受楼板弯矩的影响会上翘而顺板端头出现裂缝；如楼板平行于门口铺放，开间较大、门口又居中留设，因楼板下弯和两侧承重墙与门口下非承重墙不同步沉降的原因，在门口两侧出现裂缝，把地面砖折裂。

(2)在楼面梁处，由于楼板端头搁在梁上，同样会受楼板弯矩的影响，在楼板端处出现裂缝，把地面砖折裂。

(3)在外挑阳台处，阳台由于加荷后外倾和外纵墙的沉降，会在外挑阳台面与外纵墙的结合部位出现裂缝，把地面砖折裂。

(4)新建楼房地面砖镶贴后，计算恒载已基本加满，此后工程处于安装调试、竣工清理交付阶段，此时也是楼房的荷载和干缩等变形因素相对集中阶段，是促进以上裂缝产生的主要因素。在以后的时间里，楼房的变形会变得缓慢而渐趋于稳定。而工期越短，地面裂缝越严重。

(5)底层地面的裂缝经实地解剖发现：由于基础大放脚错台的存在，使靠墙处铺贴的地砖一端铺贴在基础标高－0.050m的错台处，较为稳定。而错台外因回填土不实而出现沉降，在基础最上一步的错台外侧拉裂垫层使地面砖出现裂缝。暖气沟壁外侧的裂缝也因回填土的质量不好，出现了同基础边缘的类似裂缝。

［措施］

(1)对那些工期短并急于交付使用的工程,可用对缝镶贴法进行镶贴。具体做法是,铺贴地面砖时,对上述易产生裂缝的部位,使地面砖块缝对准基层结构缝进行铺贴。缺点是铺贴出的地面砖显得零乱,影响装饰效果。

(2)对于工期较长的工程,可采用缓时镶贴法。在铺贴地面时,根据砖块情况弹线后,先进行大面积镶贴,遇有门口及大梁和阳台处易出现裂缝的部位,待竣工交验前再补贴。

(3)为预防楼(地)面上出现裂缝,要注意槽边和房心回填土质量及混凝土垫层的施工质量。暖气沟外侧的回填土更要注意夯实,使暖气沟盖板搁置在垫层以下,混凝土垫层厚度应大于6cm。地面砖铺贴时采用对缝铺贴法,使砖块缝对准暖气沟壁外侧边缘顺向铺贴。

(4)上述易产生裂缝的部位,在做混凝土垫层时,都要在垫层内加铺网格为 100mm×100mm、直径 4mm 的钢丝网予以加强,且注意把钢丝网置放于垫层上部。

忌 10　地面色泽纹理不协调

［分析］

(1)不同产地的天然石材混杂使用,色泽、纹理不一致。

(2)同一产地的天然石材铺设前没有进行色泽、纹理的挑选工作,材料进场后直接投入使用。

(3)同一房间的地面正式铺贴前,没有进行试铺,铺贴结束后才发现色泽、纹理不协调。

［措施］

(1)不同产地的天然石材不应当混杂使用。因为天然石材的形成过程比较复杂,所以色泽、纹理的变化较大,很难协调一致,在进料、贮存、使用中应当予以区别,避免混杂使用。

(2)同一产地的天然石材铺设前应当进行色泽、纹理的挑选工作,将色泽、纹理一致或大致接近的用于同一房间的地面,铺设后容易协调一致。

(3)同一房间的地面正式铺贴前,应当进行试铺。将整个房间的板块安放在地上,查看色泽和纹理的情况,对不协调的部分进行调整,如将局部色泽过深的板块调至周边或者墙角处,使中间部位或者常走人的部位达到协调,然后按顺序叠起后再正式铺贴,这样整个地面的色泽和纹理能够平缓延伸、过渡,达到整体协调。

忌 11 铺设地砖时,砂浆中水泥掺量过多

[分析]

因为地砖与铺设砂浆的线膨胀系数不同(两者相差 3.5 倍),铺设时温度越高,铺设砂浆中水泥掺量越多,地砖密实度越大,两者的线膨胀系数相差越大。尤其是夏天铺设的地面,当进入秋、冬季时,因室内气温逐渐降低,铺设的砂浆逐渐收缩,它的收缩值比地砖的收缩值大 3～5 倍,不同步的收缩变形造成地面砖爆裂拱起。当铺设砂浆中水泥掺量越多,地砖拼缝过紧,以及四周与砖墙挤紧时,爆裂拱起的情况越严重。

[措施]

(1)铺设地砖的水泥砂浆配合比应为 1∶2.5～3,水泥掺量不应过大,砂浆中可适量掺加白灰。

(2)铺设地砖时不应拼缝过紧,应留缝 1～2mm,擦缝不应用纯水泥浆,水泥砂浆中可掺适量的白灰。

(3)铺设地砖时,四周与砖墙应留 2～3mm 的空隙。

忌 12 外墙饰面砖表面有暗痕或裂纹

[分析]

由于饰面砖在制作、运输、堆放过程中不注意,或验收人员疏忽大意,会造成进入施工地点的饰面砖有暗痕和裂纹;或饰面砖质量较差,材质疏松,吸水率大,其抗拉、抗压、抗折性能均相应下降,遇雨水、潮气时,水会被吸到砖坯中去,而在 0℃以下时,水结冰后体积将增大,因此会产生内应力而开裂。使用有暗痕和裂纹的面砖在粘贴外墙面时,加上湿膨胀应力作用,会使墙面出现裂纹、渗漏和脱落，严重影响建筑物的使用功能，且存在不安全因素。

［措施］

(1)外墙面砖应有生产厂的出厂检验报告和产品合格证。进场后应对其外形尺寸、表面质量、吸水率和抗冻性进行抽样复验，其技术性能应符合现行国家标准《陶瓷砖》(GB/T 4100—2006)的有关规定。

(2)在验收和施工过程中，应剔除有暗痕和裂纹的饰面砖，以确保工程质量。

忌 13 外墙面砖饰面层出现空鼓、脱落

［分析］

(1)基层表面残留的砂浆、尘土和油污等未清理干净，或基层表面太光滑，会使砂浆不易粘结；基层表面凹凸不平，垂直度偏差过大，靠粘结砂浆厚度调整面砖平整度和垂直度，致使粘结砂浆厚薄不均，收缩不一或砂浆超厚因自重作用下坠而粘结不良，造成饰面层空鼓、开裂；面砖粘贴前基层未浇水和面砖未浸泡，致使粘结砂浆中水分很快被基层和面砖吸干，粘结砂浆失水后严重影响水泥的水化和养护而造成空鼓。

(2)面砖在粘贴前才浸水，未晾干就上墙，砖块背面残存水迹，与粘结层砂浆之间隔着一道水膜；或粘结砂浆水灰比过大或使用矿渣水泥拌制砂浆，其泌水性较大，泌水会积聚在砖块背面，形成水膜。水膜的存在严重削弱了砂浆对面砖的粘结作用，同时水膜蒸发后形成空隙，造成面砖空鼓。

(3)夏季太阳直射而无遮阳措施时，墙上水分容易蒸发，致使粘结砂浆严重失水，不能正常水化而粘结强度大幅度降低；冬季在5℃以下气温施工时无防冻措施，砂浆受冻，到来年春天化冻，冻融作用使砂浆结构变松，粘结力削弱甚至破坏而发生面砖脱落。

(4)基层的水泥砂浆强度太低，水泥过期失效，砂含泥量过大，搅拌砂浆时水泥用量过少；用素水泥浆粘贴面砖时，素水泥浆没有骨料，干缩性、脆性大，粘结力小，容易造成空鼓、脱落。

(5)密封粘贴,形成瞎缝,或虽疏缝粘贴,但勾缝不良,存有孔隙,雨水渗入接缝中,经热胀冷缩、冻融循环,易造成面砖脱皮、脱落。

[措施]

(1)在结构施工时,外墙应尽可能按清水墙标准做到平整垂直,为饰面工程创造条件。

(2)面砖在使用前必须清洗干净,并隔夜用水浸泡,晾干后(外干内湿)才能使用。未浸泡的干面砖表面有积灰,砂浆不易粘结,而且由于面砖吸水性强,把砂浆中的水分很快吸收掉,容易减弱粘结力;面砖浸泡后未晾干,湿面砖表面附水,贴面砖时会产生浮动,均能导致面砖空鼓。

(3)粘贴面砖时砂浆要饱满,但使用砂浆过多面砖也不易贴平;多次敲击会造成浆水集中到面砖底部或溢出,收水后形成空鼓,特别是在垛子、阳角处贴面砖时更应注意,否则容易产生阳角处不平直和空鼓,导致面砖脱落。

(4)面砖粘贴过程中要做到一次完成,不宜多动,尤其是砂浆收水后纠偏移动容易引起空鼓。粘贴砂浆一般可采用1∶0.2∶2混合砂浆,要做到配合比准确,砂浆在使用过程中不要随便掺水和加灰。

(5)认真做好勾缝工作。勾缝用1∶1水泥砂浆,分两次进行,第一次用一般水泥砂浆,第二次用符合设计要求的带色水泥砂浆且勾成凹缝,凹进面砖深度一般为3mm。相邻面砖不留勾缝处应用与面砖相同颜色的水泥浆擦缝,擦缝时对面砖上的残浆必须及时清除,不留痕迹。

(6)冬季室外粘贴面砖时,应保持在温度5℃以上施工。夏季施工应防止曝晒,当温度在35℃以上施工时要采取遮阳措施。

忌14 饰面砖粘贴前未进行预排

[分析]

饰面砖排砖的质量直接关系到粘贴质量以及施工产品的装饰效果,是一个非常重要的施工环节。若饰面砖粘贴前,不先进行预排,而盲目施工,会造成施工标线不准确,砖块排列方式、分格和图案紊乱，从而严重影响观感质量。

[措施]

按立面分格的设计要求进行预排，以确定砖的皮数，作为弹线和细部做法的依据。当无设计要求时，预排要确定面砖的排列方法。外墙面砖粘贴方法较多，常用的矩形面砖有矩形长边水平排列和竖直排列两种；根据砖缝宽度，又可分为密缝排列（缝宽1～3mm）与疏缝排列（缝宽大于4mm，但一般小于20mm）两种，密缝或疏缝排列又可分按水平方向排列和按竖直方向排列。外墙矩形面砖排缝如图8-2所示。

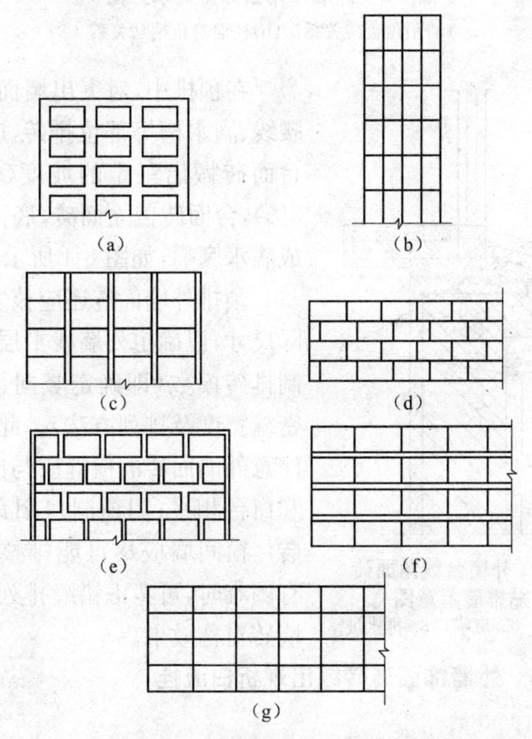

图8-2 外墙矩形面砖排缝示意图

(a)水平、竖直疏缝 (b)长边竖直密缝 (c)水平密缝、竖直疏缝
(d)密缝错缝 (e)疏缝错缝 (f)水平疏缝、竖直密缝 (g)长边水平密缝

预排应该遵循如下原则：阳角部位都是整砖，且倒角粘贴，不得对角粘贴，如图 8-3 所示。对大面积墙面砖的粘贴，除不规则部位外，其他部位都不裁砖。

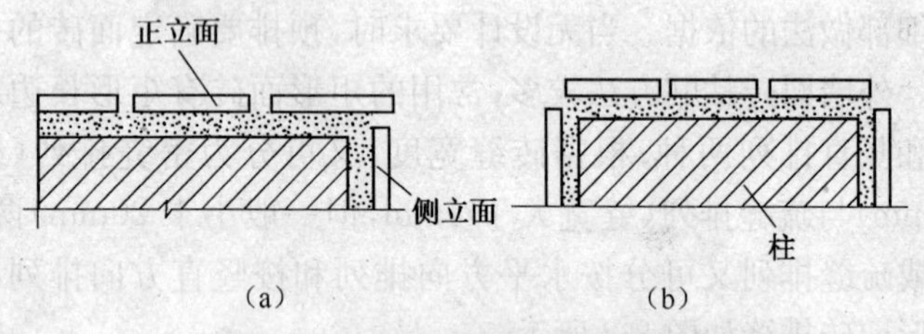

图 8-3　外墙阳角镶贴排砖示意图

(a)阳角盖砖关系　(b)柱面对角粘贴关系

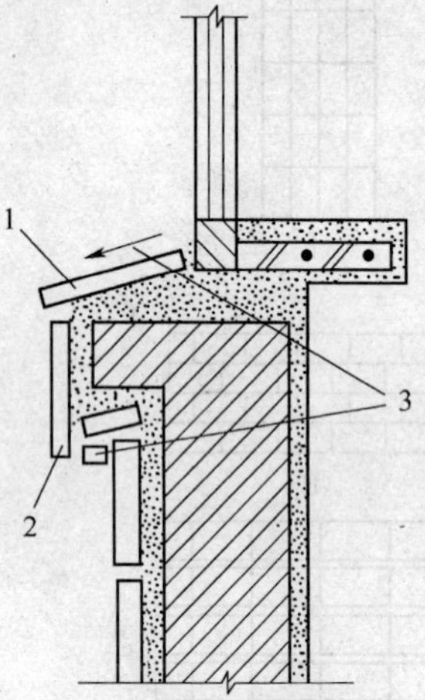

在预排中，对突出墙面的窗台、腰线、滴水槽等部位排砖，应注意对台面砖做出一定的坡度(一般 $i=3\%$)，台面砖盖立面砖，底面砖应贴成滴水鹰嘴，如图 8-4 所示。

图 8-4　外窗台线角面砖镶贴排砖示意图

1. 盖砖　2. 鹰嘴　3. 排水坡

预排外墙面砖还应核实外墙实际尺寸，以确定外墙找平层厚度，控制排砖模数(即确定竖向、水平、疏密缝宽度及排列方法)。此外，还应注意外墙面砖的横缝应与门窗贴脸和窗台相平；门窗洞口阳角处排横砖。窗间墙应尽可能排整砖，直缝有困难时，可考虑错缝排列，以求得墙砖对称效果。

忌 15　外墙饰面砖砖缝出现析白流挂

[分析]

由于墙体、砖缝施工有缺陷，雨雪入侵后溶解并带出墙体和找平层、粘结层砂浆中的氢氧化钙[$Ca(OH)_2$]，顺砖缝流出与空气中的二氧化碳（CO_2）起化学反应生成不溶于水的白色沉淀物碳酸钙（$CaCO_3$），此外，空气中还可能有二氧化硫（SO_2），三氧化硫（SO_3）等酸性气体，分别与氢氧化钙[$Ca(OH)_2$]反应，生成亚硫酸钙（$CaSO_3$）和硫酸钙（$CaSO_4$），其水分蒸发后，便在砖缝及其下的砖面上留下白色结晶体，出现析白流挂现象，严重影响饰面砖的质量。

[措施]

(1)找平层及粘结层水泥砂浆宜掺入减水剂，以减少氢氧化钙[$Ca(OH)_2$]析出的数量，并宜采用商品水泥基专用胶粘剂粘贴和勾缝，它具有良好的保水性，能大大减轻水泥凝结泌水，从而避免湿作业带来的一系列问题。

(2)墙面砖块必须粘贴平整，墙顶水平压顶砖必须压住墙面竖向砖。墙面砖必须离缝粘贴，只有离缝粘贴，砖缝才能嵌填密实，才能防止粘贴砂浆、找平层、墙体的可溶性碱和盐类被带出，达到预防析白流挂现象的目的。

(3)施工时，必须搭设防雨篷布，处理好门窗周边与外墙的接缝，防止雨水渗漏入墙。

(4)墙面粘贴完毕清除干净后，应在全墙面喷涂有机砖护面剂，以达到利于排水的目的。

忌 16 天然大理石板材外观质量不符合要求

[分析]

天然大理石的密度比较大，质地坚硬，防刮伤性能十分突出，耐磨性能良好，而且具有天然的纹路和肌理，非常美观。天然大理石主要用于重要建筑物（如高级宾馆、饭店、办公用房、商业用房以及纪念性建筑、体育场馆等）室内大厅、电梯厅、楼梯间等的地面、墙面、柱面以及墙裙、窗台、踢脚等重要或显著部位的高级装饰装修，若饰面板的外观质量、规格尺寸、平整度、角度等不符合技术要求时，必将影响安装质量，致使装饰标准提高了，却未能达到预期的美观效果。

［措施］

天然大理石板材按照其形状可分成普型板(PX)和圆弧板(HM)。普型板按其规格尺寸偏差、平面度公差、角度公差及外观质量将板材分为优等品(A)、一等品(B)、合格品(C)三个等级。

圆弧板按规格尺寸偏差、直线度公差、线轮廓度公差及外观质量将板材分为优等品(A)、一等品(B)、合格品(C)三个等级。

天然大理石板材的规格尺寸允许偏差、平面度允许公差、角度允许公差、外观质量、物理特性应符合下列规定。

(1)规格尺寸允许偏差：

①普型板规格尺寸允许偏差见表8-5所示。

表8-5 普型板规格尺寸允许偏差 单位：mm

<table>
<tr><th colspan="2" rowspan="2">项 目</th><th colspan="3">允 许 偏 差</th></tr>
<tr><th>优等品</th><th>一等品</th><th>合格品</th></tr>
<tr><td colspan="2">长度、宽度</td><td colspan="2">0
−1.0</td><td>0
−1.5</td></tr>
<tr><td rowspan="2">厚度</td><td>≤12</td><td>±0.5</td><td>±0.8</td><td>±1.0</td></tr>
<tr><td>>12</td><td>±1.0</td><td>±1.5</td><td>±2.0</td></tr>
<tr><td colspan="2">干挂板材厚度</td><td colspan="2">+2.0
0</td><td>+3.0
0</td></tr>
</table>

②圆弧板壁厚度最小值应不小于20mm，规格尺寸偏差见表8-6所示。

表8-6 圆弧板壁规格尺寸偏差 单位：mm

<table>
<tr><th rowspan="2">项 目</th><th colspan="3">允 许 偏 差</th></tr>
<tr><th>优等品</th><th>一等品</th><th>合格品</th></tr>
<tr><td>弦长</td><td colspan="2">0
−1.0</td><td>0
−1.5</td></tr>
<tr><td>高度</td><td colspan="2">0
−1.0</td><td>0
−1.5</td></tr>
</table>

(2)平面度允许公差：

①普型板平面度允许公差见表8-7所示。

表 8-7 普型板平面度允许公差 单位:mm

板材长度	允许公差		
	优等品	一等品	合格品
≤400	0.2	0.3	0.5
>400～≤800	0.5	0.6	0.8
>800	0.7	0.8	1.0

②圆弧板直线度与线轮廓度允许公差见表 8-8 所示。

表 8-8 圆弧板直线度与线轮廓度允许公差 单位:mm

项目		允许公差		
		优等品	一等品	合格品
直线度（按板材高度）	≤800	0.6	0.8	1.0
	>800	0.8	1.0	1.2
线轮廓度		0.8	1.0	1.2

(3)角度允许公差：普型板角度允许公差见表 8-9 所示。

表 8-9 普型板角度允许公差 单位:mm

板材长度	允许公差		
	优等品	一等品	合格品
≤400	0.3	0.4	0.5
>400	0.4	0.5	0.7

(4)外观质量：大理石饰面板表面不得有隐伤、风化等缺陷；表面应平整，边缘整齐，棱角不得损坏。板材正面的外观缺陷应符合表 8-10 的要求。

(5)物理性能：镜面板材的镜向光泽值应不低于 70 光泽单位，若有特殊要求，由供需双方协商确定。板材的其他物理性能指标应符合表 8-11 的规定。

表 8-10 天然大理石板材的外观质量要求

<table>
<tr><th>名称</th><th>规 格 内 容</th><th>优等品</th><th>一等品</th><th>合格品</th></tr>
<tr><td>裂纹</td><td>长度超过 10mm 的不允许条数(条)</td><td colspan="3">0</td></tr>
<tr><td>缺棱</td><td>长度不超过 8mm，宽度不超过 1.5mm(长度≤4mm，宽度≤1mm 不计)，每米长允许个数(个)</td><td rowspan="4">0</td><td rowspan="3">1</td><td rowspan="3">2</td></tr>
<tr><td>缺角</td><td>沿板材边长顺延方向，长度≤3mm，宽度≤3mm(长度≤2mm，宽度≤2mm 不计)，每块板允许个数(个)</td></tr>
<tr><td>色斑</td><td>面积不超过 6cm²(面积小于 2cm² 不计)，每块板允许个数(个)</td></tr>
<tr><td>砂眼</td><td>直径在 2mm 以下</td><td>不明显</td><td>有，不影响装饰效果</td></tr>
</table>

表 8-11 板材的其他物理性能指标

<table>
<tr><th colspan="3">项 目</th><th>指 标</th></tr>
<tr><td colspan="2">体积密度(g/cm³)</td><td>≥</td><td>2.30</td></tr>
<tr><td colspan="2">吸水率(%)</td><td>≤</td><td>0.50</td></tr>
<tr><td colspan="2">干燥压缩强度(MPa)</td><td>≥</td><td>50.0</td></tr>
<tr><td>干燥</td><td rowspan="2">弯曲强度(MPa)</td><td rowspan="2">≥</td><td rowspan="2">7.0</td></tr>
<tr><td>水饱和</td></tr>
<tr><td colspan="2">耐磨度[a](l/cm³)</td><td>≥</td><td>10</td></tr>
</table>

注：[a]为了颜色和设计效果，以两块或多块大理石组合拼接时，耐磨度差异应不大于5，建议适用于经受严重踩踏的阶梯、地面和月台使用的石材耐磨度最小为 12。

忌 17 天然花岗石板材外观质量不符合要求

[分析]

天然花岗石饰面板也是一种高级装饰材料，用它作装饰面层，庄重大方，高贵豪华，装修造价高，施工操作要求严格，因此，常用于重要建筑物(如高级宾馆、饭店、办公用房、商业用房以及纪念性建筑、体育场馆等)的基座、墙面、柱面、门头、勒脚、地面、台阶等显眼部位，若饰面板的外观质量、规格尺寸、平整度、角度及物理性能不符合技术要求，必将影响安装质量，致使装饰虽然标准提高了，但却未能达到预期的美观要求。

[措施]

(1)天然花岗石板材的规格尺寸允许偏差、平面度允许极限公差、角度允许极限公差、外观质量应符合《天然花岗石建筑板材》(GB/T 18601—2009)的规定。

(2)规格板的尺寸系列见表 8-12 所示，圆弧板、异形板和特殊要求的普通板规格尺寸由供需双方协商确定。

表 8-12 规格板的尺寸系列 单位：mm

边长系列	300[a]、305[a]、400、500、600[a]、800、900、1000、1200、1500、1800
厚度系列	10[a]、12、15、18、20[a]、25、30、35、40、50

注：[a] 常用规格。

(3)毛光板的平面度公差和厚度偏差应符合表 8-13 的规定。

表 8-13 毛光板的平面度公差和厚度偏差 单位：mm

项目		技术指标					
		镜面和细面板材			粗面板材		
		优等品	一等品	合格品	优等品	一等品	合格品
平面度		0.80	1.00	1.5	1.5	2.00	3.00
厚度	≤12	±0.5	±1.0	+1.0 −1.5	—		
	>12	±1.0	±1.5	±2.0	+1.0 −2.0	±2.0	+2.0 −3.0

(4)普通板规格尺寸允许偏差应符合表 8-14 的规定。

(5)圆弧板壁厚最小值应不小于 18mm，规格尺寸允许偏差应符合表 8-15 的规定。

(6)普通板平面度允许公差应符合表 8-16 的规定。

(7)圆弧板直线度与线轮廓度允许公差应符合表 8-17 的规定。

表 8-14 普通板规格尺寸允许偏差 单位:mm

项目		技术指标					
		镜面和细面板材			粗面板材		
		优等品	一等品	合格品	优等品	一等品	合格品
长度、宽度		0 −1.0		0 −1.5	0 −1.0		0 −1.5
厚度	⩽12	±0.5	±1.0	+1.0 −1.5	—		
	>12	±1.0	±1.5	±2.0	+1.0 −2.0	±2.0	+2.0 −3.0

表 8-15 圆弧板规格尺寸允许偏差 单位:mm

项目	技术指标					
	镜面和细面板材			粗面板材		
	优等品	一等品	合格品	优等品	一等品	合格品
弦长	0 −1.0		0 −1.5	0 −1.5	0 −2.5	0 −2.0
高度				0 −1.0	0 −1.0	0 −1.5

表 8-16 普通板平面度允许公差 单位:mm

项目	技术指标					
	镜面和细面板材			粗面板材		
	优等品	一等品	合格品	优等品	一等品	合格品
L⩽400	0.20	0.35	0.5	0.6	0.8	1.0
400<L⩽800	0.50	0.65	0.8	1.2	1.5	1.8
L>800	0.70	0.85	1.0	1.5	1.8	2.0

表 8-17 圆弧板直线度与线轮廓度允许公差 单位:mm

板材长度(L)		技术指标					
		镜面和细面板材			粗面板材		
		优等品	一等品	合格品	优等品	一等品	合格品
直线度(按板材高度)	⩽800	0.80	1.00	1.20	1.00	1.20	1.5
	>800	1.00	1.20	1.50	1.50	1.50	2.00
线轮廓度		0.80	1.00	1.20	1.00	1.50	2.00

(8)普通板角度允许公差应符合表 8-18 的规定。

表 8-18 普通板角度允许公差 单位:mm

板材长度(L)	技术指标		
	优等品	一等品	合格品
$L\leqslant400$	0.30	0.50	0.80
$L>400$	0.40	0.60	1.00

(9)圆弧板端面角度允许公差:优等品为 0.40mm,一等品为 0.60mm,合格品为 0.80mm。

(10)普通板拼缝板材正面与侧面的夹角应不大于 90°。

(11)镜面板材的镜向光泽度应不低于 80 光泽单位,特殊需要的圆弧板由供需双方协商确定。

(12)同一板材的色调应基本调和,花纹应基本一致。

(13)板材正面的外观缺陷应符合表 8-19 的规定。毛光板外观缺陷不包括缺棱和缺角。

表 8-19 板材正面外观缺陷 单位:mm

<table>
<tr><th rowspan="2">名称</th><th rowspan="2">规格内容</th><th colspan="3">技术指标</th></tr>
<tr><th>优等品</th><th>一等品</th><th>合格品</th></tr>
<tr><td>缺棱</td><td>长度≤10mm,宽度≤1.2mm(长度<5mm,宽度<1.0mm 不计),周边每米长允许个数(个)</td><td rowspan="5">0</td><td rowspan="3">1</td><td rowspan="3">2</td></tr>
<tr><td>缺角</td><td>沿板材边长,长度≤3mm,宽度≤3mm(长度≤2mm,宽度≤2mm 不计),每块板允许个数(个)</td></tr>
<tr><td>裂纹</td><td>长度不超过两端顺延至板边总长度的 1/10(长度<20mm 不计),每块板允许条数(条)</td></tr>
<tr><td>色斑</td><td>面积≤15mm×30mm(面积<10mm×10mm 不计),每块板允许个数(个)</td><td rowspan="2">2</td><td rowspan="2">3</td></tr>
<tr><td>色线</td><td>长度不超过两端顺延至板边总长度的 1/10(长度<40mm 不计),每块板允许条数(条)</td></tr>
</table>

注:干挂板材不允许有裂纹存在。

忌 18 大理石层基层清理不干净

[分析]

基层清理不干净或浇水湿润不够,水泥素浆结合层涂刷不均匀或涂刷时间过长，致使风干硬化，易造成面层和垫层一起空鼓。

[措施]

(1)地面基层清理必须认真，并充分湿润，以保证垫层与基层结合良好。垫层与基层的纯水泥浆结合层应涂刷均匀，不能采用先撒干水泥面后洒水扫浆的做法。

(2)灌缝前应将地面清理干净，将板块上和缝内的松散砂浆用开刀清理掉，灌缝应分几次进行，用长把刮板往缝内刮浆，使水泥浆填满缝和部分边角不实的空隙。灌缝后滴在板块上的砂浆应用软布擦洗干净。灌缝 24h 后再浇水养护，然后覆盖锯末等保护成品、进行养护。养护期间禁止上人走动。

忌 19 天然大理石材质选择、包装方法不当

[分析]

(1)如果在加工石材锯切时使用钢砂摆锯，则钢砂的锈水会在加工时渗入石材结晶体之间，造成石材污染；在研磨过程中也会因磨料含杂质渗入石材而引起污染导致出现锈斑。

(2)在风霜雨雪侵袭和日晒下，大理石中含有的矿物和杂质很容易变色和褪色，其中暗红色和红色最不稳定，其次是绿色，白色大理石的成分比较单纯，性能较稳定、杂质少、腐蚀的速度也比较缓慢。环境中的腐蚀性气体二氧化硫，遇到潮湿空气或雨水时会生成亚硫酸，从而变为硫酸，与大理石中的碳酸钙发生变化，在大理石表面生成石膏，石膏微溶于水，且硬度低，使磨光的大理石表面逐渐失去光泽，变得粗糙晦暗，出现麻点、开裂和剥落的现象。

(3)板块包装采用的草绳或草袋(或有色纸箱)，在遇潮湿或雨水时，流出黄褐色(或其他颜色)液体侵入板块里，容易发生黄渍等现象。

(4)花岗石原材料中若含有较多的硫铁矿成分，硫化物的氧化会导致板块的变色。

(5)板材在出厂前，石材表面应做专门的防护处理。

[措施]

(1)在原材料挑选和板材加工过程中,注意弃除含有较多杂质的石材。采用钢砂摆锯加工的板块,应注意将板面用铜丝刷洗刷干净,认真清除附在板块上的钢砂。

(2)改进包装材料,不用草绳、草袋、有色纸箱包装石材,可采用泡沫板或塑料包装。

(3)板材进场应严格按《天然大理石建筑板材》(GB/T 19766—2005)、《天然花岗石建筑板材》(GB/T 18601—2009)的规定进行外观缺陷和物理性能检验。

(4)石材出厂(或安装)前应进行专门的石材保护剂(或防污染剂)喷涂或浸泡处理,能有效地防止污渍渗透的腐蚀。

忌 20 粘贴天然石材饰面板时,未对轻质墙体做加固处理

[分析]

轻质墙体如加气混凝土、轻质砌块及轻质墙板等自身材料强度低,干缩变形量大,而天然石材饰面板材单位面积较重,若将饰面板直接粘贴于未经加强处理的轻质墙体上,饰面板必将开裂、空鼓脱落。

[措施]

由于石材单位面积较重,因此轻质墙体不应直接作为石材饰面的基体。否则,应做加强措施。加强层做法如下:

(1)在轻墙体两侧满钉网目为 15mm×15mm 的 ϕ1.5mm 钢丝网,钢丝网搭接反搭入框架柱,构造柱长度应不少于 200mm。

(2)设置 M8mm 穿墙螺栓、30mm×30mm 垫片连接和绷紧墙体两侧的钢丝网,穿墙螺栓纵横向间距应不大于 600mm。

(3)粘贴法安装饰面板时,找平层用聚合物水泥砂浆与钢丝网分层抹压结合牢固,厚度应不小于 25mm,粘贴砂浆应采用经检验合格的专用商品胶粘剂(聚合物水泥干粉砂浆)或在水泥中掺入乙烯-醋酸乙烯共聚物乳液,以提高其粘结力;灌浆绑扎法安装饰面板时,基层可不抹找平层,M8mm 穿墙螺栓可同时系固钢筋网，灌浆厚度约 50mm。且应做粘贴样板和进行强度检测，确保粘结强度符合设计要求。

忌 21 垫层砂浆一次铺得太厚

[分析]

垫层砂浆为干硬性砂浆，如加水较多或一次铺得太厚，振捣不密实易造成面层空鼓。

[措施]

(1)垫层砂浆应用 1：(3～4)干硬性水泥砂浆，铺设厚度为 25～30mm，如基层较低或过凹，应事先抹砂浆或细石混凝土找平，铺设板块时比地面线高出 3～4mm；砂浆不应一次铺设过厚，以免引起局部空鼓。

(2)板块铺贴应二次成活，试铺后用橡皮锤捶击，既要达到铺设高度，又要使垫层砂浆平整密实。要根据捶击的空实声，搬起板块，增减砂浆，浇一层水灰比为 0.5 左右的素水泥浆，再铺板块，四角平稳落地，捶击时不要捶边角，垫木方捶击时，木方长度不得超过单块板块的长度，也不要搭在另一块已铺设的板块上捶击，以免引起空鼓。

忌 22 未对室内装饰用天然石材进行放射性检测

[分析]

天然石材存在着放射性物质，放射性随着各种石材的产地、地质结构和生成年代不同而不同。放射性主要是镭、钍、钾三种放射性元素在衰变中产生的放射性物质，如果含量过大，即放射性物质的"比活度"过高，会对人体产生危害。

花岗石板材中的放射性危害主要有体内辐射与体外辐射两个方面。体内辐射主要来自于放射性辐射在空气中的衰变而形成的一种放射性物质氡及其气体。氡在作用于人体的同时会很快衰变成人体能吸收的核素，从而进入人的呼吸系统造成辐射损伤，诱发肺癌。此外，氡还对人体脂肪有很高的亲和力，从而影响人的神经系统，使人精神不振，昏昏欲睡。体外辐射主要是指花岗石板材中的辐射体直接照射人体后产生的生物效应，它会对人体的神经系统、造血器官、消化系统和生殖系统造成伤害。

[措施]

天然石材可以分为A类、B类和C类。装修材料中天然放射性核素镭-226、钍-232、钾-40的放射性比活度同时满足*Ira*(内辐射指数)≤1.0和*Ir*(外辐射指数)≤1.3要求的为A类装修材料。A类装修材料产销与使用范围不受限制。不满足A类装修材料要求但同时满足*Ira*(内辐射指数)≤1.3和*Ir*(外辐射指数)≤1.9要求的为B类装修材料。B类装修材料不可用于Ⅰ类民用建筑的内饰面，但可用于Ⅰ类民用建筑的外饰面及其他一切建筑物的内、外饰面。不满足A、B类装修材料要求但满足*Ir*(外辐射指数)≤2.8要求的为C类装修材料。C类装修材料只可用于建筑物的外饰面及室外其他用途，须限制其销售。

为减少放射性物质的污染，应按《民用建筑工程室内环境污染控制规范》(GB 50325—2001)规定选用石材，用于室内的石材必须进行放射性指标检验，检验项目：内辐射指数限量，A类≤1.0，B类≤1.3；外辐射指数限量，A类≤1.3，B类≤1.9。超出规范限量者严禁使用。室内花岗石材总面积大于200m^{2}时，应进行复验。

忌23 地面铺设前未进行选板、修补和预拼

[分析]

选板工作主要是对照施工大样图检查复核所需板材的几何尺寸。并按误差大小归类；检查板材磨光面的缺陷，并按纹理和色泽归类。地面铺设前应选择板材，如果对存在缺陷或破裂的板材进行修补就上墙，会破坏一个饰面的整体完整性与美观，严重影响装饰效果。如果同一房间的地面正式铺贴前，没有进行试铺，铺贴结束后才发现色泽、纹理不协调。

[措施]

选板必须逐块进行，对有缺陷的板材，应改小使用或安装在不显眼处。对于有破碎、变色、局部缺陷或缺棱掉角板材一律另行堆放。破裂板材，可用环氧树脂胶粘剂粘结，其配合比见表8-20所示。

表 8-20 环氧树脂胶粘剂与环氧树脂腻子配合比

材料名称	质量配合比	
	胶粘剂	腻子
环氧树脂 E44(6101)	100	100
乙二胺	6～8	10
邻苯二甲酸二丁酯	20	10
白水泥	0	100～200
颜料	适量(与修补材料颜色相近)	适量(与修补材料颜色相近)

粘结时，粘结面必须清洁干燥，两个粘结面涂胶厚度为0.5mm左右，在15℃以上环境下粘结，并在相同温度的室内环境下养护，养护(固结)时间不得少于3d。对表面缺边少肉、坑洼、麻点的修补可刮环氧树脂腻子，并在15℃以上室内养护1d后用0号砂纸轻轻磨平，再养护2～3d后打蜡出光。

选板和修补工作完成后即可进行预拼。预拼是一个“再创作”过程。将整个房间板块安放在地上，查看色泽和纹理情况，对不协调部分进行调整，如将局部色泽过深的板块调至周边或墙角处，使中间部位或常走人的部位达到协调。预拼经过有关方面的认同后，可按顺序编号，叠起后再正式铺贴安装，这样整个地面的色泽和纹理能平缓延伸、过渡，达到整体协调。

忌 24 各房间内水平标高不一致

[分析]

各房间内水平标高不一致，使与楼道相接的门口处地面有高低偏差。

[措施]

(1)必须由专人负责从楼道统一向各房间内引进标高线，房间内应四边取中，在地面上弹出十字线，分格弹线应正确。铺设时，应先安好十字线交叉处最中间的 1 块，作为标准块；如以十字线为中缝，可在十字线交叉点对角安设 2 块标准块。标准块为整个房间的水平标准和经纬标准，应用 90°角尺和水平尺细致校正。

(2)安设标准块后应向两侧和后退方向铺设，粘结砂浆稠度不应过大，应采用干硬性砂浆。铺设操作应二次成活，随时用水平尺和直尺找准，缝必须通长拉线，不能有偏差。铺设时分段分块尺寸要事先排好，以免出现游缝、缝不匀、最后一块铺不上或缝过大等现象。

忌 25　天然石材表面出现“水斑”

[分析]

采用湿法工艺(粘贴、绑扎灌浆)安装的石材墙面，如果在安装期间板块出现水印，随着镶贴砂浆的硬化和干燥，水印会慢慢缩小，甚至消失。若是板块未做防碱背涂处理，石材则不够密实(结晶较粗)，颜色较浅，砂浆水灰比过大，墙面水印可能残留下来(特别是潮湿低温天气)，板块出现大小不一、颜色较深的暗影，即“水斑”。而在雨雪或潮湿天气时，水会从板缝、墙根侵入，石材墙面的水印范围就会逐渐变大，水斑就会在板缝附近串连成片，板块颜色局部加深，并伴随着板面光泽暗淡。晴天时，虽然水印的范围会缩小，但长年不褪，严重影响石材饰面的装饰效果。

水斑产生的原因：

(1)粘贴的水泥砂浆在水化时析出大量的氢氧化钙，析到石材表面，产生不规则的花斑。

(2)混凝土墙体存在氢氧化钙，或在水泥中添加了含有钠离子的外加剂，如早强剂 Na_2SO_4、粉煤灰激发剂 NaOH、抗冻剂 $NaNO_3$ 等；黏土砖墙体的黏土砖含有钠、镁、钾、钙、硫酸根、碳酸根等离子，上述物质遇水溶解，会渗透到石材的毛细孔里或顺板缝流出。

[措施]

(1)在天然石材安装前,必须对石材饰面板的背面和侧边采用“防碱背涂处理剂”进行背涂处理。防碱背涂处理剂的性能,见表8-21所示。

表8-21　防碱背涂处理剂的性能

项　次	项　目	性能指标
1	外观	乳白色
2	固体含量(质量分数%)	≥37
3	pH	7
4	耐水试验　500h	合格
5	耐碱试验　300h	合格
6	透碱试验　168h	合格
7	贮存时间(月)	≥6
8	成膜温度(℃)	≥5
9	干燥时间(min)	20
10	粘结强度(N/mm²)	≥0.4

涂布方法如下:

①清理石材板,如果表面有油迹,可用溶剂擦拭干净,然后用毛刷清扫石材表面的尘土,再用干净棉丝把石材板背面和侧边认真仔细的擦拭干净。

②开启防碱背涂处理剂的容器,搅拌均匀,倒入塑料小桶内,用毛刷涂布于板材的背面和侧边。涂刷时应注意不得将处理剂涂布或流淌到板材的正面,如有污染应及时用棉丝反复擦拭干净,不得留下任何痕迹,以免影响饰面板的装饰效果。

③第一遍石材处理干燥时间,一般需20min左右。干燥时间的长短取决于环境的温度和湿度。待第一遍处理剂干燥后方可涂布第二遍,一般至少应涂布两遍。

涂布时应注意以下几点:避免出现气泡和漏刷现象;在处理剂未干燥时,应防止尘土等杂物被风吹到涂布面;气温5℃以下或阴雨天应暂停涂布;已涂布处理的板材在现场如有切割时,应及时在切割处涂刷石材处理剂。

(2)室外粘贴板材可采用经检验合格的水泥基商品胶粘剂(干混料),它具有良好的保水性,能大大减轻水泥凝结泌水。室内粘贴板材可采用石材化学胶粘剂点粘(基层找平层含水率不大于6%),从而避免湿作业带来的一系列问题。

(3)粘贴的水泥砂浆宜掺入防碱背涂处理剂的减水剂,以减少氢氧化钙析出至粘贴砂浆表面的数量,从而减免因砂浆水化而发生的水斑。粘贴法砂浆稠度宜为60～80mm,镶贴灌浆法砂浆稠度宜为80～120mm。

忌26 石材饰面板安装前,未根据设计图样核实结构实际偏差

[分析]

建筑施工实际尺寸与建筑设计图纸总有偏差,若直接按建筑设计图纸要求进行排列分块制作大样图,而不核实饰面安装部位的实际尺寸进行修整,则按此加工出的饰面板尺寸,在安装时容易出现偏差过大的现象,造成板与板之间接缝宽度不符合要求,影响饰面装饰效果。

[措施]

石材饰面板安装前,应根据设计图样认真核实结构实际偏差。应先核查基体墙面垂直平整情况,偏差较大的应剔凿或修补,超出允许偏差的,则应在保证整体与饰面板表面距离不小于5cm的前提下重新排列分块;柱面应先测量出柱的实际高度和柱中心线,以及柱与柱之间上、中、下部水平通线,确定出柱饰面板的看面边线,才能决定饰面板分块规格尺寸。

对于复杂墙面(如楼梯墙裙、圆形及多边形墙面等),则应实测后放大样校对;对于复杂形状的饰面板(如梯形、三角形等),则要用黑铁皮等材料放大样。根据上述墙、柱校核实测的规格尺寸,以及饰面板间的接缝宽度(如设计无规定时,应符合表8-22的规定),计算出板块的排档,并按安装顺序编上号,绘制方块大样图以及节点大样详图,作为加工订货及安装的依据。

表 8-22 饰面板的接缝宽度 单位:mm

项次	名 称	种 类	接缝宽度
1	天然石	光面、镜面	1
2		粗磨面、麻面、条纹面	5
3		天然面	10
4	人造石	水磨石	2
5		水刷石	10

忌 27 灌浆绑扎法安装饰面板时,未做临时固定

[分析]

采用钢筋网片锚固灌浆法安装饰面板时,饰面板自下而上安装完毕后,为防止水泥砂浆灌缝时饰面板游走、错位,必须采取临时固定措施。固定方法视部位不同灵活掌握,但均应牢固、简便。

[措施]

(1)柱面固定时,可用方木或小角钢做成固定夹具,夹具截面尺寸应比柱饰面截面尺寸略大 30～50mm,夹牢,然后用木楔塞紧,如图 8-5 所示。小截面柱也可用麻绳裹缠。

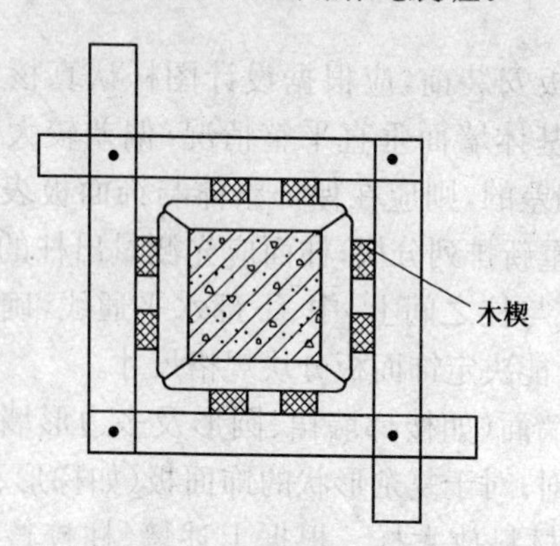

图 8-5 柱饰面临时固定夹具

(2)外墙面固定饰面板应充分运用外脚手架的横杆和立杆,以脚手杆做支撑点,在板面设横木方,然后用斜木方支顶横木方

撑牢。

(3)内墙面由于无脚手架作为支撑点，目前比较普遍采用的方法是用饰面板和石膏外贴固定。石膏在调制时应掺入20%的水泥加水搅拌成糊状，在已调整好的板面上将石膏水泥浆贴于板缝处。由于石膏水泥浆固结后有较大的强度且不易开裂，所以每个拼缝固定拼就成为一个支撑点，起到临时固定的作用(为防止浅色饰面板被水泥污染，可掺入白水泥)，但较大饰面板或门窗贴脸饰面板应另外加支撑。

忌28　灌浆绑扎法安装饰面板后，每层灌浆高度均大于板高的1/3

[分析]

滴浆一般使用1∶3水泥砂浆，稠度为8～15cm，将砂浆向饰面板背面与基体间的缝隙中徐徐注入。注意不要碰动石板，全长均匀满灌，并随时检查，不得漏灌，饰面板不得外移，灌装高度不得大于板高的1/3。一般饰面板的厚度为20～25mm，在传统安装法施工中，若每层灌注砂浆高度大于板的1/3，砂浆的侧压力会导致板面起鼓，严重时会造成板的暗伤，甚至断裂。

[措施]

(1)饰面板安装时，应找正吊直后采取临时固定措施，以防灌注砂浆时板块移动。

(2)饰面板安装时，接缝宽度可垫木楔调整，并应确保外表面平整、垂直及板的上口顺平。

(3)第一层灌入高度应小于或等于150mm，并小于或等于板材高度的1/3。灌时用小钢钎轻轻插捣，切忌猛捣猛灌。一旦发现外胀，应拆除饰面板重新安装。第一层灌完1～2h后，检查饰面板无移动，确认下口铜丝与饰面板均已锚固，再按前法进行第二层灌浆，高度为100mm左右，即饰面板的1/2高度。第三层灌浆应低于饰面板上口150mm处，余量作为上层饰面板灌浆的接缝。

忌 29 饰面板的上、下边钻孔数量少于 2 个

［分析］

采用灌浆绑扎法(传统安装方法)安装饰面板,当饰面板边长超过 400mm 或安装高度超过 1m 时主要靠每边板的上、下边钻孔,并用铜丝或不锈钢丝穿入孔内,以作绑扎固定之用,饰面板各种钻孔如图 8-6 所示。若每块板的上、下边钻孔数量少于 2 个,会大大削弱板的安装牢度,严重时会造成板块脱落,甚至导致质量与安全事故。

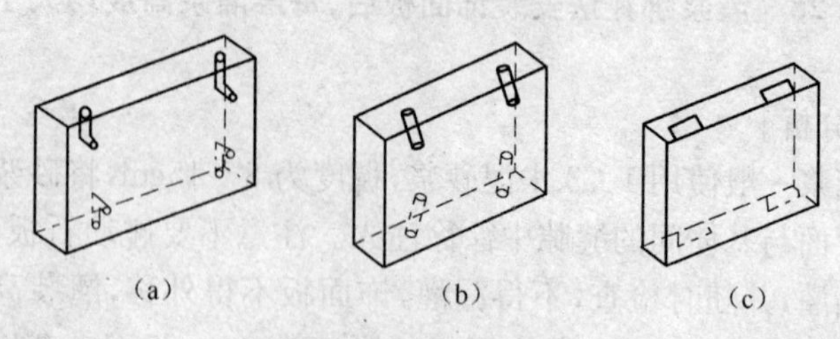

图 8-6 饰面板各种钻孔

(a)牛轭孔 (b)斜孔 (c)三角形锯口

［措施］

(1)现场钻孔应将饰面板固定在木架上,用手电钻直接对饰面板应钻孔位置下钻。孔最好是订货时由生产厂家加工。

(2)当板宽在 500mm 以内时,每块板的上、下边的钻孔数量均不得少于 2 个,当超过 500mm 应不少于 3 个。钻孔的位置应与基层上的钢筋网的横向钢筋的位置相适应。一般在板材的截面上由背面算起 2/3 处,用手电钻钻孔,使竖孔、横孔相连通,钻孔直径以能满足穿线即可,严禁过大,一般为 5mm,如图 8-7 所示。

(3)饰面板安装前应向施工人员进行技术交底,说明各种不同规格的板材的上、下边钻孔的数量、位置和要求。施工中应加强检查,以确保钻孔数量和位置正确。

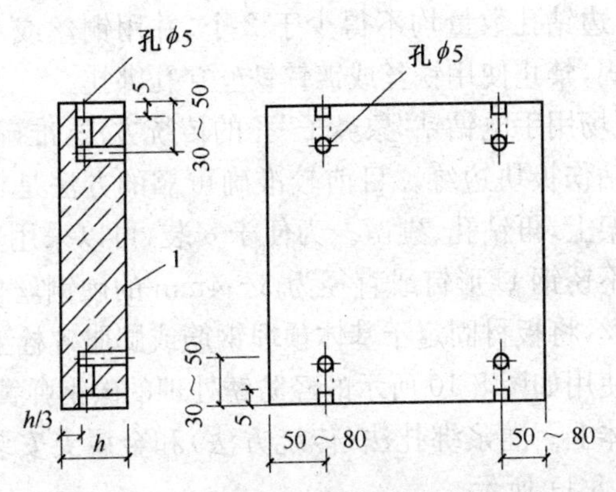

图 8-7　板材钻孔及凿槽(象鼻子)示意

忌 30　饰面板墙面出现空鼓、脱落现象

[分析]

由于基层和板块背面清理不干净，灰尘或脏污物残存；粘贴或灌缝砂浆稠度控制不当，粘贴或灌缝不饱满，安装后砂浆养护不良；板块现场钻孔不当，太靠边或钻伤板边，或用铁丝绑扎固定板块，日后锈蚀膨胀；室外板缝嵌填不密实，不防水，雨雪入侵板缝至粘结层和基层，发生冻融循环、干湿循环，又由于水分入侵，诱发析盐，盐结晶体积膨胀等原因，会造成饰面空鼓，甚至脱落，如遇撞击更易发生剥落，存在不安全因素。

[措施]

(1)安装饰面板前，基层和板块背面必须清理干净，用水充分湿润，阴干至表面无水迹。

(2)严格控制砂浆稠度，粘贴法砂浆稠度宜为 60～80mm；灌缝法砂浆稠度宜为 80～120mm，并应分层灌实，每层灌注高度宜为 150～200mm，且不得高于板块高的 1/3。

(3)板块边长小于 400mm 时，可用粘贴法安装。板块边长大于 400mm 时，应用灌缝法安装，其板块均应绑扎牢固，不能单靠砂浆粘结。系固饰面板用的钢筋网，应与锚固件连接牢固。每块板的上、下边钻孔数量均不得少于 2 个，并用铜丝或不锈钢丝穿入孔内系固，禁止使用铁丝或镀锌铁丝穿孔绑扎。

(4)现场用手电钻钻“象鼻子”孔的传统方法，准确性较差，稍不慎还会钻伤板块边缘。目前较准确可靠的方法是板材先直立固定于木架上，再钻孔、剔凿。为便于安装，可以采用如图 8-8 所示的专用不锈钢 U 形钉或直径为 3～4mm 的硬铜丝代替细铜丝或不锈钢丝，将板材固定于基体预埋钢筋或膨胀螺栓上，如图 8-9 所示。或使用如图 8-10 所示的经防锈处理的碳钢弹簧卡，将板材固定在基体上。灌浆绑扎法(传统方法)和金属夹安装法的板材固定，如图 8-11 所示。

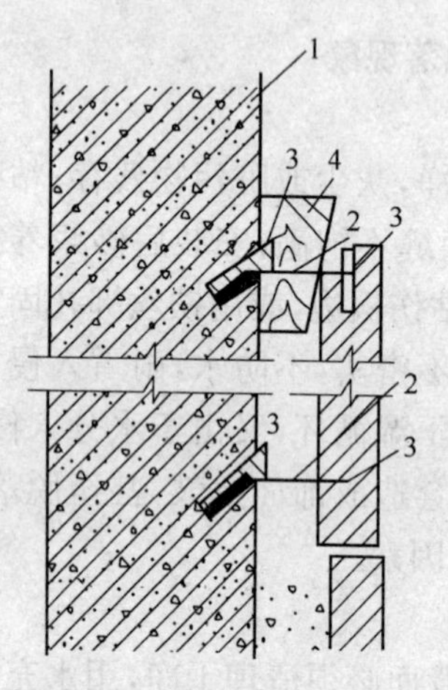

图 8-9 U 形钉石材固定示意图

1. 基体 2. U 形钉

3. 硬木小楔或钢钉 4. 锥形木楔

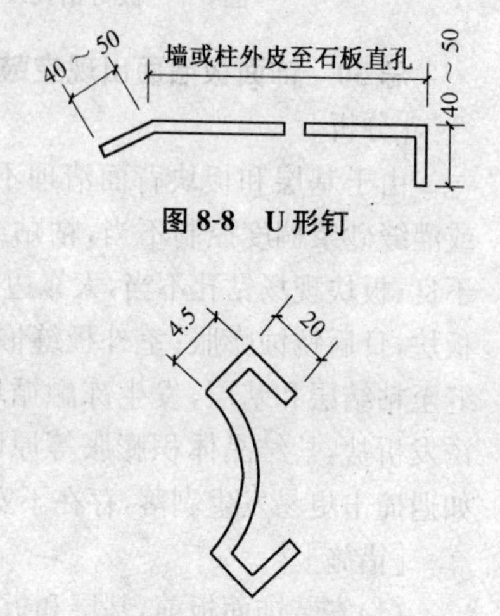

图 8-8 U 形钉

图 8-10 碳钢弹簧卡(金属夹)

(5)认真浇水养护不至脱水过早。

(6)夏季安装室外板材时，应有防止曝晒的可靠措施；冬季施工灌注的砂浆应采取保温措施，砂浆的温度宜不低于 5℃，砂浆硬化前应采取防冻措施。

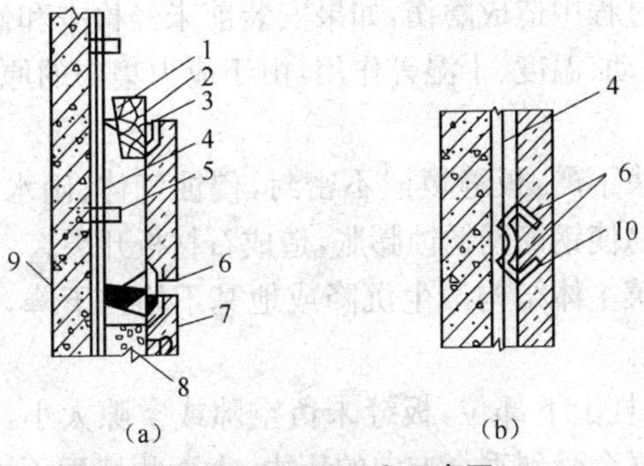

图 8-11 板材固定示意图

(a)灌浆绑扎法(传统方法) (b)金属夹安装法

1. 锥形木楔 2. 铜丝或不锈钢丝 3. 象鼻孔 4. 立筋 5. 预埋铁环 6. 横筋 7. 板材 8. 水泥砂浆灌缝 9. 基体 10. 碳钢弹簧卡

(7)室外板缝应做好防水处理,在板缝内嵌填防水耐候密封胶,并加阻水塑料芯棒,如图 8-12 所示。密封胶应采用中性耐候硅酮密封胶,并应做与石材接触的相容性试验,无污染、无变色,不发生影响粘结性能的物理、化学变化。也可采用商品专用柔性水泥嵌缝料(适用于小活动量板缝)进行勾缝。要求嵌缝(凹缝或平缝)密实饱满,表面平整光滑。

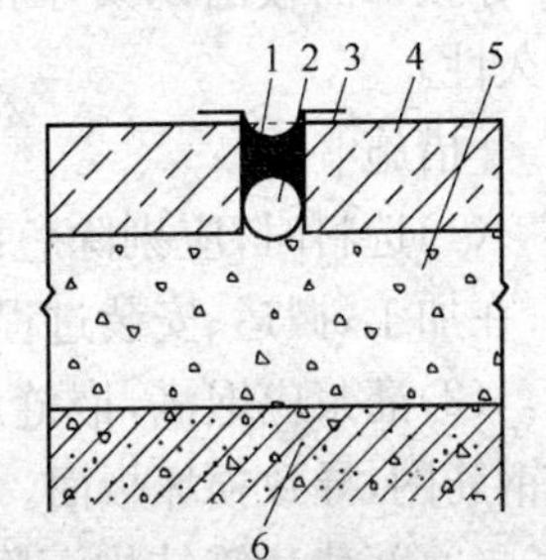

图 8-12 花岗石墙面防水嵌缝

1. 密封材料 2. 背衬材料 3. 不干胶纸带 4. 花岗石板块 5. 灌缝砂浆 6. 基层墙面

(8)注意成品保护,饰面板的结合层在凝结前应防止风干、曝晒、水冲、撞击和振动。拆架子时注意不要碰撞安装好的墙面饰面板。

忌 31 墙面饰面板开裂

[分析]

(1)有的石材石质较差,板材有色线、暗缝、隐伤等缺陷,或在切割、搬运过程中造成隐伤，如果安装前未经检查和修补，且在安装后受到振动、温度、干湿等作用，由于应力集中的原因这些部位就会开裂。

(2)灌浆不严，板缝填嵌不密封，侵蚀气体、雨水或潮湿空气透入板缝，易使钢筋网锈蚀膨胀，造成石材板开裂。

(3)建筑主体结构产生沉降或地基不均匀下降，会使板材受挤压而开裂。

(4)墙、柱上下部位，板缝未留空隙或空隙太小，一旦受到压力变形，板材会受到垂直方向的压力；大面积墙面不设变形缝，受环境温度变化，会使板块受到挤压而开裂。

(5)计划不周或施工无序，在饰面材安装后又在墙上开凿孔洞，导致饰面板出现犬牙和裂缝。墙面饰面板开裂，影响美观和耐久性。

[措施]

(1)选料时，应剔除色纹异常、有暗缝、有隐伤等缺陷的石材板；在加工、搬运、安装过程中，仔细操作，避免板材破裂。

(2)灌浆应饱满，嵌缝应严密，避免腐蚀性气体、水汽侵入腐蚀钢筋网，导致损坏板面。

(3)新建建筑结构沉降稳定后，再进行饰面板安装作业。在墙、柱顶部和底部安装板材时，应留有不少于 5mm 的空隙，嵌填柔性密封胶。板缝用水泥砂浆勾缝的墙面，室外宜 5～6m(室内 10～12m)设一道宽为 10～15mm 的变形缝，以防止因结构出现微小变形而导致板材开裂。

(4)饰面墙开孔洞(如安装电气开关、镶招牌等)，应事先考虑并在板块未上墙之前加工。

(5)磨光饰面板缝隙应小于或等于 0.5～1mm，灌浆应饱满，嵌缝应严密，避免腐蚀性气体渗入，锈蚀挂网，损坏板面。

9　屋面防水工程

宜

(1)瓦头挑出封檐板的宽度宜为50～70mm。

(2)平瓦屋面排水坡度应为20%～50%,超过50%时,应采取固定加强措施。

(3)平瓦可采用在基层上设置泥背的方法铺设,泥背厚度宜为30～50mm。

(4)沿山墙封檐的一行瓦,宜用1∶2.5的水泥砂浆做出披水线,将瓦封固。

(5)压型钢板瓦屋面的排水坡度宜为10%～35%。

(6)找坡宜用水泥砂浆抹面,厚度超过20mm时,应采用细石混凝土,表面应抹平压光。

(7)沟内防水层与波瓦间的空隙,宜用麻刀灰或密封膏嵌填严密。

(8)防水材料的铺设应展平压实,挤出的沥青胶结料应趁热刮净。

忌

忌1　产生无规则横向裂缝

[分析]

产生无规则裂缝主要是由水泥砂浆找平层不规则开裂造成的,此时找平层的裂缝,与卷材开裂的位置及大小相对应。另外,如找平层分格缝位置不当或处理不好，也会引起卷材无规则裂缝。

[措施]

(1)确保找平层的配比计量准确，以及搅拌、振捣或辊压、抹光与养护等工序的质量符合要求，洒水养护的时间宜不少于 7d，并视水泥品种而定。

(2)找平层宜留分格缝，缝宽一般为 20mm，缝口设在预制板的拼缝处。当采用水泥砂浆材料时，分格缝间距宜不大于 6m；采用沥青砂浆材料时，宜不大于 4m。

(3)卷材铺贴与找平层的相隔时间宜控制在 7～10d。

忌 2 山墙、女儿墙推裂与渗漏

[分析]

(1)结构层与山墙、女儿墙间未留空隙或填嵌松软材料，屋面结构在高温季节暴晒时，屋面结构膨胀产生推力，致使山墙、女儿墙出现横向裂缝，并使山墙、女儿墙向外位移，从而出现渗漏。

(2)刚性防水层、刚性保护层、架空隔热板与山墙、女儿墙间未留空隙，受温度变形推裂山墙、女儿墙，并导致渗漏。

(3)山墙、女儿墙的压顶如采用水泥砂浆抹面，由于温差和干缩变形，使压顶出现横向开裂，有时往往贯通，从而引起渗漏。

[措施]

(1)屋面结构层与山墙、女儿墙间应留出大于 20mm 的空隙，并用低强度等级砂浆填塞找平。

(2)刚性防水层与山墙、女儿墙间应留温度分格缝；刚性保护层和架空隔热板应距山墙、女儿墙至少 50mm，或填塞松散材料、密封材料。

(3)为避免开裂，水泥砂浆找平层水灰比要小，并宜掺微膨胀剂；同时卷材收头可直接铺压在女儿墙的压顶下，而压顶应做防水处理。

忌 3 天沟漏水

［分析］

屋面排水分为有组织排水和无组织排水（自由排水），有组织排水一般是把雨水集到天沟内再由雨水管排下，集聚雨水的沟称为天沟，天沟分内天沟和外天沟，内天沟是指在外墙以内的天沟，一般有女儿墙；外天沟是挑出外墙的天沟，一般没有女儿墙。天沟多用白铁皮或石棉水泥瓦制成。造成天沟漏水的原因如下：

(1)天沟纵向找坡太小（如小于 5‰），甚至有倒坡现象（雨水斗高于天沟面）；天沟堵塞，排水不畅。

(2)水落口杯（短管）没有紧贴基层。

(3)水落口四周卷材粘贴不密实，密封不严，或附加防水层标准太低。

［措施］

(1)天沟应按设计要求拉线找坡，纵向坡度不得小于 5‰，在水落口周围直径 500mm 范围内应不小于 5%，并应用防水涂料或密封材料涂封，其厚度应不小于 2mm。水落口杯与基层接触处应留 20mm×20mm 凹槽，嵌填密封材料。

(2)水落口杯应比天沟周围低 20mm，安放时应紧贴于基层上，便于上部做附加防水层。

(3)水落口杯与基层接触部位，除用密封材料封严外，还应按设计要求增加涂膜道数或卷材附加层数。施工后应及时加设雨水罩予以保护，防止建筑垃圾及树叶等杂物堵塞。

忌 4 屋面积水

［分析］

(1)基层找坡不准，形成洼坑；水落口标高过高，雨水在天沟中无法排出。

(2)大挑檐及中天沟反梁过水孔标高过高或过低，孔径过小，易堵塞造成长期积水。

(3)雨水管径过小，水落口排水不畅造成堵塞。

[措施]

(1)防水层施工前,对找平层坡度应作为主要项目进行检查,遇有低洼或坡度不足时,应经修补后,才可继续施工。

(2)水落口标高必须考虑天沟排水坡度高差,周围加大的坡度尺寸和防水层施工后的厚度因素,施工时须经测量后确定,反梁过水孔标高亦应考虑排水坡度的高度,逐个实测确定。

(3)设计时应根据年最大雨量计算确定雨水口数量与管径,且排水距离不宜太长。同时应加强维修管理,经常清理垃圾及杂物,避免雨水口堵塞。

忌 5 涂膜防水屋面渗漏

[分析]

(1)屋面积水,排水系统不通畅。

(2)设计涂层厚度不足,防水层结构不合理。

(3)屋面基层结构变形较大,地基不均匀沉降引起防水层开裂。

(4)节点构造部位封固不严,有开缝、翘边现象。

(5)施工涂膜厚度不足,有露胎体、皱皮等情况。

(6)防水涂料含固量不足,有关物理性能达不到质量要求。

(7)双组分涂料施工时,配合比与计量达不到设计要求。

[措施]

(1)设计时屋面应有合理的分水和排水措施,所有檐口、檐沟、天沟、水落口等应有一定排水坡度,并切实做到封口严密,排水通畅。

(2)应按屋面规范中防水等级选择涂料品种与防水层厚度,以及相适应的屋面构造与涂层结构。

(3)除提高屋面结构整体刚度外,在保温层上必须设置细石混凝土(配筋)刚性找平层,并宜与卷材防水层复合使用,形成多道防线。

(4)施工时坚持涂嵌结合,并在操作中务必使基面清洁、干燥,涂刷仔细,密封严实,防止脱落。

(5)防水涂料应分层、分次涂布,胎体增强材料铺设时不宜拉伸过紧,但也不得过松,以能使上下涂层粘结牢固为度。

(6)在防水层施工前必须抽样检查,复验合格后才可施工。

(7)严格按厂家提供的配合比施工,并应充分搅拌,搅拌后的涂料应及时用完。

忌6 屋面板的接缝宽度较大

[分析]

在屋面板的接缝或大梁的位置上宽度较大,并穿过防水层上下贯通,导致结构变形(如支座的角变)、基础不均匀沉降等引起的结构裂缝。

[措施]

(1)细石混凝土刚性防水屋面应用于刚度较好的结构层上,不得用于有高温或有振动的建筑,也不适用于基础有较大不均匀下沉的建筑。

(2)为减少结构变形对防水层的不利影响,在防水层下必须设置隔离层,可选用石灰黏土砂浆、石灰砂浆、纸筋麻刀灰或干铺细砂、干铺卷材等材料。

忌7 温度分格缝设置不合理

[分析]

由于大气温度、太阳辐射、雨、雪以及车间热源作用等的影响,若温度分格缝设置不合理,在施工中处理不当,都会产生温度裂缝。温度裂缝一般都是有规则的、通长的,裂缝分布与间距比较均匀。

[措施]

(1)防水层必须设置分格缝。分格缝应设在装配式结构的板端、现浇整体结构的支座处、屋面转折(屋脊)处、混凝土施工缝及突出屋面构件交接部位。分格缝纵横间距宜不大于6m。

(2)混凝土防水层厚度宜不小于40mm,内配间距为100~200mm的双向ϕ4mm钢筋网片。钢筋网片宜放置在防水层的中间或偏上，并应在分格缝处断开。

忌8　混凝土配合比设计不当

[分析]

混凝土配合比设计不当，施工时振捣不密实，压实收光不好以及早期干燥脱水、后期养护不当等，都会产生施工裂缝。施工裂缝通常是一些不规则的、长度不等的断续裂缝，也有一些是因水泥收缩而产生的龟裂。

[措施]

(1)防水层混凝土水泥用量应不少于330kg/m^3，水灰比宜不大于0.55，最好采用普通硅酸盐水泥。粗骨料最大粒径应不大于防水层厚度的1/3，细骨料应用中砂或粗砂。

(2)混凝土防水层的厚度应均匀一致，混凝土应采用机械搅拌、机械振捣，并认真做好压实、抹平工作，收水后应及时进行二次抹光。

(3)应积极采用补偿收缩混凝土材料，但要准确控制膨胀剂掺量，以及各项施工技术要求。

(4)混凝土养护时间一般宜控制在14d以上，视水泥品种和气候条件而定。

忌9　构件的连接缝尺寸大小不一

[分析]

构件的连接缝尺寸大小不一，材料收缩、温度变形不一致，使填缝的混凝土脱落。

[措施]

(1)严格控制构件的连接缝尺寸，同时为保证细石混凝土灌缝质量，板缝底部应吊木方或设置角钢作为底模，防止混凝土漏浆。同时应对接缝两侧的预制板缝，进行充分湿润，并涂刷界面处理剂，确保两者之间的粘结力。

(2)灌缝的混凝土材料宜掺入微膨胀剂，同时加强浇水养护，提高混凝土抗变形能力。

忌 10 在嵌填密封材料时，分格缝内清理不干净，密封材料质量差

［分析］

(1)在嵌填密封材料时，未将分格缝内清理干净或基面不干燥，致使密封材料与混凝土粘结不良、嵌填不实。

(2)密封材料质量较差，尤其是粘结性、延伸性与抗老化能力等性能指标，达不到规定指标。

［措施］

(1)嵌填密封材料的接缝，应规格整齐无混凝土或灰浆残渣及垃圾等杂物，并要用压力水冲洗干净。施工时，接缝两侧应充分干燥(最好用喷灯烘烤)，并在底部按设计要求放置背衬材料，确保密封材料嵌填密实，伸缩自如，不渗不漏。

(2)进入工地的密封材料，应进行抽样检验，发现不合格的产品，坚决剔除不用。

忌 11 防水层起壳、起砂

［分析］

(1)混凝土防水层施工质量不好，特别是不注意压实、收光和养护不良。

(2)刚性屋面长期暴露于大气之中，日晒雨淋，时间一长，混凝土面层会发生炭化现象。

［措施］

(1)切实做好清基、摊铺、碾压、收光、抹平和养护等工序。其中碾压工序，一般宜用石滚(重 30～50kg，长 600mm)纵横来回滚压 40～50 遍，直至混凝土压出拉毛状的水泥浆为止，然后进行抹平。待一定时间后，再抹压第二遍及第三遍，务使混凝土表面达到平整光滑。

(2)最好采用补偿收缩混凝土材料，但水泥用量也不宜过高，细骨料应尽可能采用中砂或粗砂。如当地无中、粗砂时，宜采用水泥石屑面层。此时配合比为强度等级 42.5 水泥：粒径 3～

6mm 石屑(或瓜米石)=1∶2.5,水灰比小于等于0.4。

(3)混凝土应避免在酷热、严寒气温下施工,也不要在风沙和雨天施工。

(4)根据使用功能要求,在防水层上面可做绿化屋面、蓄水屋面等;也可做饰面保护层,或刷防水涂料(彩色或白色)予以保护。

忌12 墙面(身)返潮和地面渗漏

[分析]

(1)墙面防水层设计高度偏低,地面与墙面转角处成直角状。

(2)地漏、墙角、管道、门口等处结合不严密,造成渗漏。

(3)砌筑墙面的黏土砖含碱性和酸性物质。

[措施]

(1)墙面上设有水器具时,其防水高度一般为1 500mm;淋浴处墙面防水高度应大于1 800mm。

(2)墙体根部与地面的转角处,其找平层应做成钝角。

(3)预留洞口、孔洞、埋设的预埋件位置必须准确、可靠。地漏、洞口、预埋件周边必须设有防渗漏的附加防水层措施。

(4)防水层施工时,应保持基层干净、干燥,确保涂膜防水层与基层粘结牢固。

(5)进场黏土砖应进行抽样检查,如发现有类似问题时,其墙面宜增加防潮措施。

忌13 承口杯与基体及排水管接口结合不严密

[分析]

承口杯与基体及排水管接口结合不严密,防水处理过于简陋,密封不严,导致地漏周边渗漏。

[措施]

(1)安装地漏时,应严格控制标高,宁可稍低于地面,也绝不可超高。

(2)要以地漏为中心,向四周辐射找好坡度,坡向准确,确保地面排水迅速、通畅。

(3)安装地漏时,先将承口杯牢固地粘结在承重结构上,再将浸涂好防水涂料的胎体增强材料铺贴于承口杯内,随后再仔细地涂刷一遍防水涂料,然后插口压紧,最后在其四周,再满涂防水涂料1～2遍,待涂膜干燥后,把漏勺放入承插口内。

(4)管口连接固定前,应先进行测量,复核地漏标高及位置正确后,方可对口连接、密封固定。

忌14　屋面立管四周渗漏

[分析]

(1)穿楼板的立管和套管未设止水环。

(2)立管或套管的周边采用普通水泥砂浆堵孔,套管与立管之间的环隙未填塞防水密封材料。

(3)套管和地面相平,导致立管四周渗漏。

[措施]

(1)穿楼板的立管应按规定预埋套管,并在套管的埋深处设置止水环。

(2)套管、立管的周边应用微膨胀细石混凝土堵塞严密;套管和立管的环隙应用密封材料填塞严密。

(3)套管高度应比设计地面高出80mm;套管周边应做同高度的细石混凝土防水护墩。

忌15　密封施工时环境温度过高

[分析]

密封施工时环境温度过高(如50℃),接缝处于疲劳拉伸状态,当低温收缩时,因密封材料弹性不足而出现开裂。

[措施]

施工环境温度宜接近年平均温度,此时密封材料的拉伸-压缩变形量接近实际。冬季施工时处于低温,接缝宽度扩张,夏季施工时处于高温,密封材料将承受过量的拉伸变形。一般施工温度宜控制在5℃～30℃。夏季施工宜做成凸圆缝,冬季施工时宜做成凹圆缝。